普通高等教育工业设计专业"十二五"规划教材

汽车造型设计

李光亮　金纯　编著

中国水利水电出版社
www.waterpub.com.cn

内 容 提 要

本书共分 10 章，包括汽车造型设计概论、汽车色彩设计、汽车造型的技术因素、汽车外部造型设计、汽车内部造型设计、计算机辅助汽车造型设计概论、空气动力学与汽车造型、汽车的造型设计程序、汽车仿生造型设计与其他设计技巧、意大利汽车设计等内容。每章都有相应的思考题，使学生在掌握理论基础的同时能够灵活地将其运用于实践。

本书可作为工业产品设计、建筑设计、美术设计的广大从业人员的自学指导书，高等美术院校计算机动画专业和高校相关专业师生的自学、教学参考书，社会工业造型初中级培训班的教材。

图书在版编目（ＣＩＰ）数据

汽车造型设计 / 李光亮，金纯编著. -- 北京 ： 中国水利水电出版社，2013.4(2021.8重印)
普通高等教育工业设计专业"十二五"规划教材
ISBN 978-7-5170-0845-3

Ⅰ．①汽… Ⅱ．①李… ②金… Ⅲ．①汽车－造型设计－高等学校－教材 Ⅳ．①U462.2

中国版本图书馆CIP数据核字(2013)第089093号

书　名	普通高等教育工业设计专业"十二五"规划教材 **汽车造型设计**	
作　者	李光亮　金纯　编著	
出版发行	中国水利水电出版社	
	（北京市海淀区玉渊潭南路 1 号 D 座　100038）	
	网址：www.waterpub.com.cn	
	E-mail：sales@waterpub.com.cn	
	电话：（010）68367658（营销中心）	
经　售	北京科水图书销售中心（零售）	
	电话：（010）88383994、63202643、68545874	
	全国各地新华书店和相关出版物销售网点	
排　版	北京时代澄宇科技有限公司	
印　刷	天津嘉恒印务有限公司	
规　格	210mm×285mm　16 开本　10 印张　303 千字	
版　次	2013 年 4 月第 1 版　2021 年 8 月第 3 次印刷	
印　数	5001—7000 册	
定　价	48.00 元	

凡购买我社图书，如有缺页、倒页、脱页的，本社营销中心负责调换

丛书编写委员会

主任委员： 刘振生　李世国

委　　员：（按拼音排序）

包海默	陈登凯	陈国东	陈江波	陈晓华	陈　健　陈思宇
杜海滨	董佳丽	段正洁	樊超然	方　迪	范大伟　傅桂涛
巩淼森	顾振宇	郭茂来	何颂飞	侯冠华	胡海权　姜　可
焦宏伟	金成玉	金　纯	喇凯英	兰海龙	李德君　李奋强
李　锋	李光亮	李　辉	李华刚	李　琨	李　立　李　明
李　杨	李　怡	梁家年	梁　莉	梁　珣	刘　驰　刘　婷
刘　刚	刘　军	刘青春	刘　新	刘　星	刘雪飞　卢　昂
卢纯福	卢艺舟	罗玉明	马春东	马　彧	米　琪　聂　茜
彭冬梅	邱泽阳	曲延瑞	任新宇	单　岩	沈　杰　沈　楠
孙　浩	孙虎鸣	孙　巍	孙巍巍	孙颖莹	孙远波　孙志学
孙正广	唐　智	田　野	王　军	王俊民	王俊涛　王　丽
王丽霞	王少君	王艳敏	王一工	王英钰	王永强　邬琦姝
奚　纯	肖　慧	熊文湖	许　佳	许　江	许　坤　薛　川
薛　峰	薛　刚	薛文凯	谢天晓	严　波	杨　梅　杨骁丽
杨　翼	姚　君	叶　丹	余隋怀	余肖江	袁光群　袁和法
张　焱	张　安	张春彬	张东生	张寒凝	张　建　张　娟
张　莉	张　昆	张庶萍	张宇红	赵　锋	赵建磊　赵俊芬
钟　蕾	周仕参	周晓江	周　莹		

普通高等教育工业设计专业"十二五"规划教材
参编院校

清华大学美术学院	天津理工大学
江南大学设计学院	哈尔滨理工大学
北京服装学院	中国矿业大学
北京工业大学	佳木斯大学
北京科技大学	浙江理工大学
北京理工大学	青岛科技大学
大连民族学院	中国海洋大学
鲁迅美术学院	陕西理工大学
上海交通大学	嘉兴学院
杭州电子科技大学	中南大学
山东工艺美术学院	杭州职业技术学院
山东建筑大学	浙江工商职业技术学院
山东科技大学	义乌工商学院
东华大学	郑州航空工业管理学院
广州大学	中国计量学院
河海大学	中国石油大学
南京航空航天大学	长春工业大学
郑州大学	天津工业大学
长春工程学院	昆明理工大学
浙江农林大学	北京工商大学
兰州理工大学	扬州大学
辽宁工业大学	广东海洋大学
浙江树人大学	南昌大学
南昌航空大学	

序
Foreword

　　工业设计的专业特征体现在其学科的综合性、多元性及系统复杂性上，设计创新需符合多维度的要求，如用户需求、技术规则、经济条件、文化诉求、管理模式及战略方向等，许许多多的因素影响着设计创新的成败，较之艺术设计领域的其他学科，工业设计专业对设计人员的思维方式、知识结构、掌握的研究与分析方法、运用专业工具的能力，都有更高的要求，特别是现代工业设计的发展，在不断向更深层次延伸，愈来愈呈现出与其他更多学科交叉、融合的趋势。通用设计、可持续设计、服务设计、情感化设计等设计的前沿领域，均表现出学科大融合的特征，这种设计发展趋势要求我们对传统的工业设计教育作出改变。同传统设计教育的重技巧、经验传授，重感性直觉与灵感产生的培养训练有所不同，现代工业设计教育更加重视知识产生的背景、创新过程、思维方式、运用方法，以及培养学生的创造能力和研究能力，因为工业设计人员的能力是发现问题的能力、分析问题的能力和解决问题的能力综合构成的，具体地讲，就是选择吸收信息的能力、主体性研究问题的能力、逻辑性演绎新概念的能力、组织与人际关系的协调能力。学生这些能力的获得，源于系统科学的课程体系和渐进式学程设计。十分高兴的是，即将由中国水利水电出版社出版的"普通高等教育工业设计专业'十二五'规划教材"，有针对性地为工业设计课程教学的教师和学生增加了学科前沿的理论、观念及研究方法等方面的知识，为通过专业课程教学提高学生的综合素质提供了基础素材。

　　这套教材从工业设计学科的理论建构、知识体系、专业方法与技能的整体角度，建构了系统、完整的专业课程框架，此种框架既可以被应用于设计院校的工业设计学科整体课程构建与组织，也可以应用于工业设计课程的专项知识和技能的传授与培训，使学习工业设计的学生能够通过系统性的课程学习，以基于探究式的项目训练为主导、社会化学习的认知过程，学习和理解工业设计学科的理论观念，掌握设计创新活动的程序方法，构建支持创新的知识体系并在项目实践中完善设计技能，"活化"知识。同时，这套教材也为国内众多的设计院校提供了专业课程教学的整体框架、具体的课程教学内容以及学生学习的途径与方法。

　　这套教材的主要成因，缘于国家及社会对高质量创新型设计人才的需求，以及目前我国新设工业设计专业院校现实的需要。在过去的 20 余年里，我国新增数百所设立工业设计专业的高等院校，在校学习工业设计的学生人数众多，亟须系统、规范的教材为专业教学提供支撑，因为设计创新是高度复杂的活动，需要设计者集创造力、分析力、经验、技巧和跨学科的知识于一身，才能走上成功的路径。这样的人才培养目标，需要我们的设计院校在教育理念和哲学思考上作出改变，以学习者为核心，所有的教学活动围绕学生个体的成长，在专业教学中，以增进学生的创造力为目标，以工业设计学科的基本结构为教学基础内容，以促进学生再发现为学习的途径，以深层化学习为方法、以跨学科探究为手段、以个性化的互动为教学方式，使学生在高校的学习中获得工业设计理论观念、专业精神、知识技能以及国际化视野。这套教材是实现这个教育目标的基石，好的教材结合教师合理的学程设计能够极大地提高学生的学习效率。

改革开放以来，中国的发展速度令世界瞩目，取得了前人无以比拟的成就，但我们应当清醒地认识到，这是以量为基础的发展，我们的产品在国际市场上还显得竞争力不足，企业的设计与研发能力薄弱，产品的设计水平同国际先进水平比仍有差距。今后我国要实现以高新技术产业为先导的新型产业结构，在质量上同发达国家竞争，企业只有通过设计的战略功能和创新的技术突破，创造出更多自主品牌价值，才能使中国品牌走向世界并赢得国际市场，中国企业也才能成为具有世界性影响的企业。而要实现这一目标，关键是人才的培养，需要我们的高等教育能够为社会提供高质量的创新设计人才。

从经济社会发展的角度来看，全球经济一体化的进程，对世界各主要经济体的社会、政治、经济产生了持续变革的压力，全球化的市场为企业发展提供了广阔的拓展空间，同时也使商业环境中的竞争更趋于激烈。新的技术及新的产品形式不断产生，每个企业都要进行持续的创新，以适应未来趋势的剧烈变化，在竞争的商业环境中确立自己的位置。在这样变革的压力下，每个企业都将设计创新作为应对竞争压力的手段，相应地对工业设计人员的综合能力有了更高的要求，包括创新能力、系统思考能力、知识整合能力、表达能力、团队协作能力及使用专业工具与方法的能力。这样的设计人才规格诉求，是我们的工业设计教育必须努力的方向。

从宏观上讲，工业设计人才培养的重要性，涉及的不仅是高校的专业教学质量提升，也不仅是设计产业的发展和企业的效益与生存，它更代表了中国未来发展的全民利益，工业设计的发展与时俱进，设计的理念和价值已经渗入人类社会生活的方方面面。在生产领域，设计创新赋予企业以科学和充满活力的产品研发与管理机制；在商业流通领域，设计创新提供经济持续发展的动力和契机；在物质生活领域，设计创新引导民众健康的消费理念和生活方式；在精神生活领域，设计创新传播时代先进文化与科技知识并激发民众的创造力。今后，设计创新活动将变得更加重要和普及，工业设计教育者以及从事设计活动的组织在今天和将来都承担着文化和社会责任。

中国目前每年从各类院校中走出数量庞大的工业设计专业毕业生，这反映了国家在社会、经济以及文化领域等方面发展建设的现实需要，大量的学习过设计创新的年轻人在各行各业中发挥着他们的才干，这是一个很好的起点。中国要由制造型国家发展成为创新型国家，还需要大量的、更高质量的、充满创造热情的创新设计人才，人才培养的主体在大学，中国的高等院校要为未来的社会发展提供人才输出和储备，一切目标的实现皆始于教育。期望这套教材能够为在校学习工业设计的学生及工业设计教育者提供参考素材，也期望设计教育与课程学习的实践者，能够在教学应用中对它做出发展和创新。教材仅是应用工具，是专业课程教学的组成部分之一，好的教学效果更多的还是来自于教师正确的教学理念、合理的教学策略及同学习者的良性互动方式上。

2011 年 5 月

于清华大学美术学院

前 言
Preface

　　汽车作为一种商品，首先向人们展示的就是它的外形，外形是否讨人喜欢直接关系到这款车型甚至汽车商的命运。在全球各大汽车企业中，汽车造型工作都是由公司的最高层直接领导。

　　汽车造型设计简单理解是根据一款车型的多方面要求来设计汽车的外观及内饰，使其在充分发挥性能的基础上艺术化。汽车造型设计除了要有漂亮的外表和与众不同的个性特征，同时还要能安全可靠地行驶，这就需要整个设计过程融进各种相关的知识：车身结构、制造工艺要求、空气动力学、人机工程学、工程材料学、机械制图学、声学和光学等。

　　汽车造型不单单是一项技术性工作，更是一项艺术性工作，汽车造型师不但需要掌握汽车技术知识，还要掌握美学等造型知识。造型设计是新车型诞生的关键之一，如同人体中不可分割的某些器官一样。每一款车型的诞生都蕴含着设计师与工程师的智慧和汗水；世界各国的品牌名车，造型各有千秋，每一款设计都渗透着不同的地域文化、蕴涵着丰富的人文精神；优秀的造型设计，应是美学与技术的完美结合，它不但能给人以美的享受，更能提高产品的品质和品位，同时也是对企业自身设计形象的一种提升。

　　综观世界各国的汽车品牌设计，无一不是大批的优秀设计师和工程师们，集中了最新的科技成果、最优秀的创意思维和最经典的传统文化，包含了全方位的造型创意构思。云集各方精华、统筹规划设计，便成为当今发达国家发展和提升汽车工业的重要方法和手段。

　　本书受北京理工大学基础研究基金资助，项目编号分别为 20122542004 和 20082542002。

　　清华大学美术学院的刘振生教授对本书的改进提出了大量有益的建议，为该书增色不少，本书编写过程中得到杨建明教授的大力帮助，在此表示衷心感谢。中国水利水电出版社的淡智慧主任对本书提出了大量改进建议，她们一丝不苟的工作精神保证了本书的顺利完成。本书的编写离不开夫人罗红玲在后面的默默支持。同事张乃仁教授、宗明明教授、杨新教授和冯明教授也提供了大量的帮助。汽车手绘图部分得到张崇朴教授的大量帮助，张老师虽然离开了我们，但他的敬业精神永远激励着我不断前进！愿张老师地下安息！本书油泥模型制作部分得到了同事孙远波、江湘云、徐悬的大力协助。学生刘瑛、薄妮、连艺君、刘冰妍、黄岩、彭鹏、郑泽铭、周承礼、王照塞、邱东波、杨茜、王友位、黄琼、黄天球、周晓燕、王曌堃、于云龙、杨茂莹等参加了书中部分图形和文字的编排工作。感谢在本书编写过程中所有帮助过我的人们！

　　本书共 10 章，总体结构和统稿由北京理工大学设计艺术学院李光亮老师负责。第 2、3、10 章由北京科技大学机械学院车辆系金纯老师撰写，其余各章由李光亮老师撰写。由于时间仓促，书中疏漏之处在所难免，敬请批评指正。

编者
2013 年 1 月

作者简介 ≪≪≪≪

李光亮

2002 年研究生毕业于清华大学美术学院工业设计系，指导教师为中国著名工业设计专家、原清华大学副校长美术学院院长王明旨先生。主要研究方向为交通工具造型设计、计算机辅助工业设计等。任中国设计师协会理事、中国数字艺术设计专家委员会委员、普通高校工业设计专业"十二五"规划教材编委、三一中国工业设计大赛评委等。主讲课程包括"交通工具造型设计"、"计算机辅助工业设计"等。

多年来一直从事车辆造型设计工作，有多件作品投入生产并应用，主要作品包括卡车造型设计、火车内饰设计，有轨电车造型设计、重工机械造型设计等，并获得多个车辆造型专利。作为项目负责人主持科研项目多项。主要代表作品有最大的陆上交通工具超级重型卡车造型设计、意大利有轨电车设计、"欧洲之星"火车内饰设计等，并在市场上有较大的影响。

个人车辆设计作品收录于《中国创意设计年鉴·2012》并获得"银奖"。个人作品获"第四届中国高校美术作品学年展"二等奖，"首届中国高等院校设计艺术大赛""教师组"二等奖、三等奖等多个奖励。李光亮著有学术著作两部，《产品造型与设计》和《造型基础与进阶实务》，并发表论文多篇。

多次带领学生参加工业设计竞赛，获得多个奖项。个人获第四届中国高校美术作品学年展"中国高校设计教学名师奖"，被中国汽车工程学会授予第四届中国汽车造型设计大赛"优秀辅导教师奖"。荣获"北京理工大学优秀教育教学成果奖"。2006 年作为国家公派访问学者赴意大利米兰理工大学（Politecnico di Milano）师从著名的交通工具造型设计专家 David Bruno 研修交通工具造型设计 1 年。

金 纯

北京科技大学机械学院车辆工程系任教，从事"汽车设计"与"汽车造型设计"教学工作。主要研究方向为电传动汽车的设计及理论，车辆人机工程学。

目 录
Contents

第1章
Chapter 1
汽车造型设计概论

　　"汽车"的英文是 automobile，原意为"自动车"，在日本也称"自动车"（日本汉字中的汽车则是指我们所说的火车），其他文种也多是"自动车"，唯有我国例外。汽车作为一种大型消费品，首先向消费者展示的就是它的造型，造型是否吸引人直接关系到这款车子甚至制造商的命运。如图 1-1 所示，甲壳虫汽车的造型栩栩如生，很容易激发起消费者的购买欲望。

图 1-1　甲壳虫汽车

1.1　汽车造型设计概念

　　汽车造型设计是根据汽车整车设计的全面要求来塑造相对理想的车身形状。汽车造型设计是汽车外部造型设计和汽车内饰设计的总和。它绝对不是对汽车的简单的涂装和装饰，而是运用艺术的手法和科学的手段表现汽车的功能、材料、工艺和结构特点。

　　汽车造型的目的是以其美感刺激消费者的购买欲望。汽车造型设计虽然是车身设计的一个方面，但却是贯穿于整车设计阶段的一项综合构思，是决定产品命运的关键要素之一。汽车的造型已成为汽车产品竞争最有力的手段之一。

　　在世界各大汽车企业中，汽车造型工作都是由公司的最高层直接领导。当然除了汽车公司自己的设计队伍，还有一些独立的、专业的汽车设计公司，比如全球最大的设计公司美国 MSX 公司、以实用型量产车著名的意大利设计公司 ITALDESIGN、以名贵跑车为主要业务的设计公司 Pininfarina、以风格见长的 Bertone 设计公司，还有在改装车、原型车方面各具特色的 IDEA、Zagato、Ghia 和 Stola 等设计公司。此外，还有以个人名义进行设计的汽车设计师，如 Marcello Gandini、Peter Stevens 和 Ian Collum 等。

1.2　汽车的分类

汽车按用途可分为运输汽车和特种用途汽车两大类。

1.2.1　运输汽车

运输汽车包括老爷车、轿车、概念车、多用途汽车（MPV）、休闲汽车（RV）、运动型多用途汽车（SUV）、旅行车（GT）、皮卡（轿货车）、公共汽车和货车。

1. 老爷车

所谓"老爷车"，通常泛指早期使用但现在仍可使用的老式汽车（图 1-2）。"老爷车"一词，最早出现在 1973 年英国出版的《名人与老爷车》杂志上，此名称很快得到了各国汽车界人士的认可，并迅速蔓延，成为世界各地爱好者对老式汽车的统一称谓。美国老爷车俱乐部（THE CLASSIC CAR CLUB OF AMERICA）把其拥有的品牌或车型（如 1925 ～ 1948 年间生产）列为完全古典车（FULLCLASSIC），其定义为"非凡的汽车，拥有优良设计，高工艺标准及制作"，其取向偏好美国品牌，欧洲产品则有沧海遗珠之憾。早期的老爷车受工艺限制，外形有大量的装饰性特征（图 1-3）。

图 1-2　老爷车图片　　　　　　　　　　　　　图 1-3　老爷车外形有大量的装饰性特征

2. 轿车

早在汽车发明之前就有 Sedan 一词，它指欧洲贵族乘用的一种豪华马车，不仅装饰讲究，而且是封闭式的，可防风、雨和灰尘，并提高了安全度。18 世纪传到美国后，也只有纽约、费城等少数大城市中的富人才有资格享用（图 1-4 和图 1-5）。

1908 年美国汽车大王福特推出 T 型车时，车由原来的敞开式变为封闭式，其舒适性、安全性都有了很大提高，在当时是个了不起的进步。福特在推销时很想突出他的伟大改进，于是就灵机一动，将他的"封闭式汽车"（Closedcar）称为 Sedan，让购车人有一种心理上的满足。从此，供老百姓使用的普通汽车都被称为 Sedan。

图1-4　豪华马车（一）

图1-5　豪华马车（二）

中国古代早有"轿车"一词，是指用骡马拉的轿子。当西方汽车大量进入中国时，正是封闭式方形汽车在西方流行之时。那时汽车的形状与中国古代的"轿车"一样可以显示荣耀。于是，人们就将当时的汽车称为"轿车"。一般地说，轿车发动机的总排量可以作为区分轿车级别的标志。

轿车（car）是载送 2 ~ 9 人，供私人使用的汽车。轿车的造型特点是形体比较完整，线条连贯流畅，对外形和内饰的要求较高。

国内外一些型号的轿车，后围板或冀子板上标有1.8、2.0、2.8 等符号，这是轿车发动机总排量的标志。发动机总排量是指发动机全部汽缸的工作容积之和，单位是升（L）。我国轿车分级法就是以发动机排量为依据的。

世界一些国家的轿车也都是以轿车发动机的排量来划分级别的。按照我国国家规定，按发动机的工作容积（气缸排量），轿车分为以下几个等级：排量小于或等于1L，属于微型车；排量大于1L且小于或等于1.6L，属于普通级轿车；排量大于1.6L且小于或等于2.5L，属于中级轿车；排量大于2.5L且小于或等于4L，属于中高级轿车；排量大于4L，属于高级轿车。目前也把0.6L以下的车称为超微型车。

按照结构，轿车可分为普通轿车、华贵轿车和旅行轿车。一般来说，排量越大的轿车，功率越大，其加速性能也越好，车内的内装饰也可以搞得越高级，其档次划分也就越高。如英国的"劳斯莱斯"轿车，排量就达到9.8L。

按照外观特点轿车主要分为以下几种类型。

（1）四门轿车（Sedan）：是轿车最普通的形式，产量也较大，设有四扇门（左右两侧各两扇）和两排座位，较舒适的座位在前排，其外形特点是明显地分成头部发动机舱、中部乘客舱、尾部行李舱三部分，这种三段式的形状称为三箱式（汽车总长度超过4m）。四门轿车如图1-6所示。随着空气动力性能的研究日益深入，这种车型的头部尽量低矮，尾部需要加厚加高，而且后挡风玻璃的斜度趋于平缓，腰线前低后高，形成所谓的"半斜背式"形状。

（2）双门轿车（Coupe）：设有两扇门（左右每侧各一扇）以及两排或单排座位，较舒适的座位在前排，它的一种形式几乎与四门轿车完全相同，仅在于门数的区别，而另一种形式的尺寸较小巧（总长通常在4米以下）并将尾部与中部结合起来，称为两厢式轿车。这种形式通常带有上掀式的背门，又称为掀背式（hatchback）轿车。双门轿车经常设计在高档汽车上。双门轿车如图1-7所示。

（3）高级轿车（Limousine）：区别于其他轿车的重要特点是主座在后排，车主不驾驶汽车而需要聘请驾驶员，有的设两排座位，有的设三排座位，有的还将中部加长，在驾驶员与乘客之间设有隔离板，汽车的结构、性能和造型要求极高，车内设施豪华奢侈。如图1-8所示是某高级豪华轿车的方案。

图1-6　四门轿车　　　　　　　　　　　　　　图1-7　双门轿车

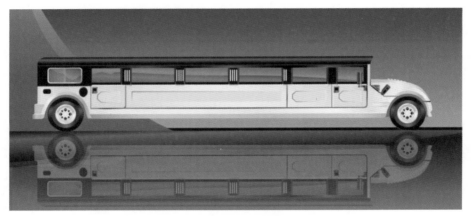

图1-8　高级轿车

（4）敞篷车（Convertible）：供短途旅游观光用，通常采用可折叠的软篷，也有采用可拆卸硬顶或收入行李箱的顶篷的。敞篷车也有四门和两门之分。如图1-9所示是敞篷车侧面图。

图1-9　敞篷车侧面图

（5）跑车（Roadster）：是专门设计供高速行驶用的，单排或在后排设置加座，汽车的动力性能较好，通常采用楔形造型，线条圆滑流畅，价格高昂。如图1-10所示是著名跑车兰博基尼。

（6）迷你车："迷你"（MINI）车是指车身短、外形小、百公里油耗在3.5L以下的微型轿车。

1956年苏伊士危机爆发，欧洲各国石油价格猛涨。在严峻的经济形势下，原英国汽车公司（即

BMC，陆虎汽车公司的前身）决定设计一种燃料经济性好的微型轿车，以满足广大普通民众的需求。阿历克·埃斯戈尼斯大胆选择了新的设计方案，汽车布置形式为发动机前置、前轮驱动，这是最早的迷你车。我国有名的迷你车有奇瑞 QQ，如图 1-11 所示。

图 1-10　著名跑车兰博基尼

（7）运动车（Sport Car）：是一种双座车，没有门窗的侧围，便于上下车跨越，这种车不用作运输，专供休闲游玩或比赛。这种车加速性好，速度快，发动机功率大，是专供驾驶娱乐的一种轿车。它们深受车迷和年轻人喜爱，但价格十分可观。

欧洲一些厂家专门生产这种运动轿车，如宝马、保时捷、布加迪（图 1-12）、法拉利（图 1-13）、莲花、阿斯顿马丁、兰博基尼等。美国和日本的一些大公司也生产运动型跑车，如通用公司雪佛兰部的"克尔维特"、福特的"野马"、克莱斯勒的"蝰蛇"、丰田的"超级"、本田的"序曲"等。

图 1-11　奇瑞 QQ

图 1-12　布加迪

图 1-13　法拉利

3. 概念车

"概念车"一词由英文 Conception Car 意译而来。概念车并不是即将投产的车型，它仅仅是为向人们显示设计人员新颖、独特、超前的构思而已（图 1-14 和图 1-15）。概念车还处在创意、试验阶段，很可能永远不投产，具有超前、新奇、探索的特点，概念车虽然不直接用于生产，但对汽车新产品的造型开发却有很大的作用，推动了汽车的技术进步。

图 1-14 概念车（一）

图 1-15 概念车（二）

世界各大汽车公司都不惜巨资研制概念车，并在国际性汽车展览会上亮相。一方面，可以了解消费者对概念车的反应，从而继续改进；另一方面，也可向大众显示本公司的科技进步，从而提高自身形象。

4. 多用途汽车（MPV）

多用途汽车（Multi-Purpose Vehicle，MPV）也称为多功能汽车，俗称"子弹头"（图 1-16）。有时为了运送更多的人或货物，汽车需要更大的空间。1985 年法国雷诺汽车公司首推单厢式 Espace 多用途汽车。这种车外有优美的流线形车身，内有可移动的座椅，不仅有 8 人的乘车空间，还兼具轿车的舒适性，可以变成小公共汽车、野营汽车、家庭用车、小型货车或移动式办公室等。它是集轿车、旅行车和厢式货车的功能于一身，车内每个座椅都可以调整，并有多种组合方式，是一种前排座椅可以180°旋转的车型。近年来该车型已有较多的企业生产，如上海通用的 GL8、东风柳州的风行和江淮的瑞风，而一些企业生产的类似产品在实际统计中也可能列入多功能车统计。该车型在旧标准中部分列入轿车统计，部分列入轻型客车统计。

图 1-16 多用途汽车（MPV）

多用途车的多功能源自其独特的外形特征所带来的其他车型无法比拟的活动空间。MPV 的前风挡下延比较靠前，整车比较流畅，使得驾驶员有较好的头部空间，整车的尺寸也相对轿车高很多，因此可以给人们提供很大的车内空间，不管是在车内进行办公、娱乐、商务活动，还是载货，它都能有十分充裕的空间。车窗的比例相对较宽大，这使得车内能有很好的光线，乘客和驾驶员也能有很宽大的视野，除此之外还具有良好的乘坐舒适性。长城 2.0 升 MPV 嘉誉、金杯阁瑞斯、上海通用 GL8、普力马、奥德赛等都属于 MPV。

目前这种车型也有小型化的趋势，即 MINI MPV。这种车造型可爱、时尚，品质可靠耐用，售价也比较低廉，在国内有很多小家庭和做小生意的人选用这种车。江西昌河北斗星是 MINI MPV 的典型代表。

5. 休闲汽车（RV）

RV（Recreational Vehicle）是休闲娱乐用车。20 世纪末以来，RV 车逐渐盛行，它不是某个特定车种，而是一种概念、风潮，是针对于休闲娱乐相关车种的泛称。RV 车有比一般房车宽广的车室空间，可容纳更多乘客或行李货物；座椅讲求多变化运用，或坐或卧或拆都没有问题；四轮驱动，能提供上山下海的越野感受；具有与轿车相似的驾驶特性和乘坐舒适感受；车身高、底盘高，能应付各种路面状况，使驾驶者享受无负担的驾驶乐趣，不但符合个人追求独立自主的冒险形象，还能同时兼顾家庭责任。

RV 的覆盖范围比较广泛，没有严格的范畴。从广义上讲，除了轿车和跑车外的轻型乘用车，如 MPV、SUV、CUV 等都可归属于 RV。宝马 BMW X5 就是一款相当出色的 RV（图 1-17）。

休闲车最早出现于美国，由轿车及厢式车改装而来。它没有十分明确的定义和标准，一般指轻型越野车、小"子弹头"、新型皮卡等外形新潮、模样可爱的小型汽车。

6. 运动型多用途汽车（SUV）

运动型多用途汽车（Sports Utility Vehiles，SUV）是指造型新颖的四轮驱动越野车，它不仅具有 MPV 的多功能性，而且有越野车的越野性，同时还有休闲车的可爱模样。这类车既可载人又可载货，行驶范围广泛，驱动方式为四轮驱动。SUV 没有明确的概念，有时很难断定某辆车是 SUV、越野车，还是休闲车，甚至有人把 SUV 作为休闲车的美国叫法。如图 1-18 所示是悍马四轮驱动越野车。

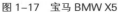

图 1-17　宝马 BMW X5　　　　　　　　图 1-18　悍马四轮驱动越野车

SUV 运动型多用途汽车既具备越野车的高动力性和高通过性，又拥有轿车的良好舒适性和操纵性，配置精良、环保节能，适合在各种路面和环境下行驶。SUV 的特点是个性化的时尚造型、强劲的动力性、良好的越野性、车内空间宽敞，以及良好的载物和载客功能。

7. 旅行车（GT）

旅游车实际上是专为旅游观光而设计的客车，又称为房车（图 1-19）。因此，上述各种客车均可专为旅游目的改装为旅游车。旅游车一般有可调式座椅和空调、视听设备等，有的还有厨房、卫生间、卧室等。这类汽车外形美观、内饰讲究、车厢宽敞、视野开阔、振动和噪声小、不载站立乘客。如图1-20所示为某旅游车的内饰布置图。

图1-19 某小型旅游车外形

图1-20 某旅游车的内饰布置图

8. 皮卡（轿货车）

"皮卡"一词由英文Pick-up音译而来。皮卡又称"轿货车"（图1-21），它是以轿车基本型改成的

图1-21 皮卡（轿货车）

客货两用的、敞开货箱的运输车型。它只保留轿车车头及驾驶室，前半截与轿车一样，后半截则为敞开式货箱。皮卡分单排、双排、厢式3种。

9. 公共汽车

公共汽车又称为"巴士"（Bus）。巴士最早是公共马车的名字，最早出现于19世纪初的巴黎。巴士源于拉丁语"奥姆尼巴士"（Omnibus），是"为了大家"的意思。

1823年，巴黎一位名叫斯塔尼拉斯·鲍德雷的商人，重新开创公共马车事业，用于接送客人到温泉洗澡。他的马车在途中可随时上下车，车费比别的马车便宜，发车准时，非常受欢迎，事业不断扩大。后来鲍德雷想给自己的马车取个让人一听便知的动人名字。这时他注意到了一家店门前写着"奥姆努的奥姆尼巴士"的招牌，而"奥姆尼巴士"含有"为了大家"的含义，非常适合他的公共马车事业，于是就选择了"奥姆尼巴士"这个名字，后来简化为"巴士"。它就理所当然地成为后来淘汰了公共马车的公共汽车的名字。如图1-22和图1-23所示是早期的客车。

客车是载运较多人员及随身行李（或货物），有9个以上座位的供公共服务用的汽车（图1-24）。按照服务的方式不同，客车的容量和形状也各不相同。客车的造型特点是大平面较多，具有重复的构件和线条，其表面比例和色彩划分很值得推敲，目前客车的造型有使线条圆滑、顶盖减薄、立柱跨距加大、玻璃面积加大从而使动感加强的趋势。客车可按其总质量、总长度分为小型、中型、大型、铰接式和双层客车等类型。小型客车俗称"面包车"，其座位数不超过17座。大型客车常因用途不同而各有特点。如市内公共汽车要求通道宽、站立面积大，有两个以上宽车门、较低的车门踏板；长途汽车则要求座位数与乘员数相等，有较大的行李舱或行李架，有较好的乘坐舒适性。铰接式客车实际上是牵引客车与载客半挂车所组成的载客列车。双层客车用于市内交通时上下层均载客，用于长途载客时则上层载人下层存放行李。

图1-22 早期的客车（一）

图1-23 早期的客车（二）

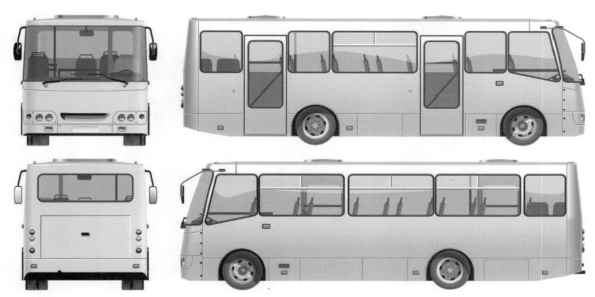

图1-24 客车

如果细分客车，则主要包括以下7种。

（1）长头客车（Normal Controlled Bus）：是利用长头货车改装的，由于面积利用较差而逐渐少见。这种形式的头部与宽大的后部在造型上很难连续过渡，因而整体感较差，而且头部还限制了前挡风玻璃和侧窗玻璃的进一步扩大。这种车的最大优点是安全性比较高，在国外很多校车都是长头客车。如图1-25所示的是校车。

（2）城市客车（Urban Bus）：需要满足经常停站、乘客上下频繁、车厢内便于乘客流动等要求。这

图1-25 校车

种客车的客门数目较多较宽大，地板离地高度较小，车内座席较少而站席较多，侧窗上缘较高以便站立的乘客能看到街道和站牌名。以上特点决定了客车的基本造型。城市客车如图 1-26 所示。

图 1-26　城市客车

（3）长途客车（Intercity Bus）：可以只设一个车门（车身另一侧设一个应急的安全门），车内不设站席，通道较窄，座位宽度较大较舒适，车身两侧下部设有若干个行李箱，有的车内还设有酒吧或厕所。这种车型通常采用后置发动机，使得车头的造型较为自由。如图 1-27 所示为长途客车。

图 1-27　长途客车

（4）游览客车（Touring Bus）：专供旅行游览用，可算是长途客车的一种形式，但在两个侧围可以不设行李箱，其最大的特点是增大玻璃的面积以便观光，车顶两侧拐角处增加弧形玻璃以便增大上方视野，有的车型还在车顶上设有可敞开的天窗。这种客车的形体、线条和色彩力求轻快活泼，以增加游客的兴致。

（5）轻型客车（Light Bus）：是指总长度不超过 7m 的客车，较小的座位不到 10 个，较大的可乘坐 20 余人，有的在市内营运还设有站席，其类型较多，造型也各异。此种客车在我国俗称"中巴"或"面包车"（其形状和比例像一块方面包）。由于其形体和尺寸比中型客车小，造型也比前者活泼，车头通常倾斜较大而形成动感，前挡风玻璃、前照灯、面罩等的造型可以模仿轿车。如图 1-28 所示为某

图 1-28　某轻型客车设计方案

轻型客车设计方案。

（6）铰链式客车（Articulated Bus）：适于在大城市中运送较多的乘客，通常是城市客车（单体车）的变形车，造型与单体车大致相同。这种汽车虽然长度较大，但由于中部折叠的分隔，动感反而不如单体车。如图1-29所示为某铰链式客车。

图1-29 铰链式客车

（7）双层客车（Double Deck Bus）：主要用于西欧（特别是英国），其优点是容量大而又比铰链式客车的机动性好而且占地较少。这种汽车侧面的动感较差，正面的稳定感也比较差，给造型带来困难。如图1-30所示为某双层客车。

图1-30 双层客车

10. 货车

货车是载送货物的汽车，在其驾驶室中还可容纳少量人员。货车的造型重点在驾驶室和头部（车前板制件），其后部各种形式的货箱也应尽量与驾驶室的线形连贯协调。由于货物的种类繁多，货车的装载量和车型也各不相同。

按驾驶室总成结构型式分类主要分为以下两种。

（1）长头式货车。发动机置于驾驶室前方或下方，发动机舱凸出，驾驶室与货箱截然分成两体。

（2）平头式货车。发动机在驾驶室内下部，有一排座和两排座两种型式。造型十分注意前风窗与车头前面的形体和比例关系。

如图1-31所示为长头式货车和平头式货车。

1.2.2 特种用途汽车

特种用途汽车主要执行运输以外的特殊任务，为此常装设不同的专用设备。特种用途汽车是指用于各类装载油料、气体、液体等的专用罐车；或用于清障、清扫、清洁、起重、装卸（不含自卸车）、升降、搅拌、挖掘、推土、压路等的各种专用机动车；或适用于装有冷冻或加温设备的厢式机动车；或车内装有固定专用仪器设备，从事专业工作如监测、消防、运钞、医疗、电视转播、雷达、X 光检查等的机动车；或专门用于牵引集装箱箱体（货柜）的集装箱拖头。

图 1-31 长头式货车和平头式货车

它们包括建筑工程用车，如起重车、挖沟车、埋管车、混凝土搅拌车等；还包括市政和公用事业用车，如清扫车、医疗车、消防车、流动售货车等。多种多样的特种用途汽车如图 1-32 和表 1-1 所示。

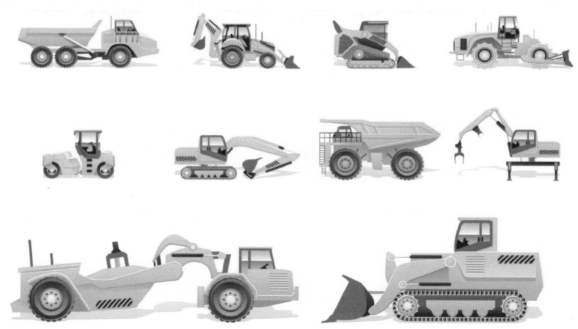

图 1-32 多种多样的特种用途汽车

表 1-1　　　　　　　　　　　　　　　多种多样的特种用途汽车

消防车		洒水车	
救护车		扫雪车	
殡丧车		垃圾装运车	
清扫车		混凝土搅拌车	

可见，随着消费者的消费水平和生活质量的不断提高，人们已不再简单地满足于把汽车当成一个普通的代步工具，而是赋予了汽车一些新的功能和理念，新的车型还会不断地涌现。

1.3　汽车外形的发展演变

汽车发展初期，研究设计者们把主要精力都用在了汽车的机械设计上，对汽车的外形并没有进行过多的研究，待汽车的基本结构全部发明出来后，才着手进行外部造形的改进。汽车造型是科学与艺术相结合的产物，它涉及很多领域，如空气动力学、流体力学、材料工艺学、人机工程学、工业美学、消费心理学等。汽车的造型设计不是对汽车进行简单的外形加工装饰，而是以艺术的手法巧妙地表现汽车的功能、材料、工艺和结构特点，并形成符合人们一般审美规律的形体。自汽车诞生以来，它的外形随着人们审美观的发展和时代的进步在不断改变，在 100 多年的发展中，设计师们对汽车的外形进行了各种各样的尝试，但设计的主流归纳起来大致经历了马车型汽车、箱型汽车、甲壳虫型汽车、船型汽车、鱼型汽车、楔型汽车等几个阶段。如图 1-33 所示是早期汽车设计的演化进程。

1. 马车型汽车

众所周知，不管是奔驰发明制造的第一辆三轮汽车，还是戴姆勒制造的第一辆四轮汽车，都是在马车的基础上改装而成的，在外形上与当时的马车没有多大的区别，是一辆没有马拉的"马车"。从 19

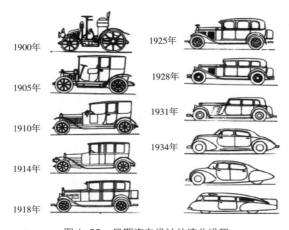

图 1-33　早期汽车设计的演化进程

世纪末到 20 世纪初，除了奔驰和戴姆勒各自成立了自己的汽车公司外，世界上也相继出现了一批汽车制造公司，如美国的福特公司，英国的劳斯莱斯公司，法国的标致公司、雷诺公司、雪铁龙公司，意大利的菲亚特公司等，但这些公司生产的汽车外形基本上还是沿用了马车的造型。马车型车身多是在车身上部加上固定车篷或活动布篷来遮光挡雨，这样的车身很难抵挡较强风雨的侵袭，给乘坐者带来了极大的不便。当汽车行驶速度提高到每小时 40km 以上时，迎面风使乘车人难以承受，于是出现了挡风玻璃。1908 年福特推出 T 型车时，马车型汽车达到了顶峰，如图 1-34 所示。

2. 箱型汽车

由于马车型汽车很难抵挡风雨的侵袭，1915 年，美国福特汽车公司设计生产了一种新型车身，它很像一个大箱子，上部装有门窗，实际上只是在原来的马车车身上做了轻微的改进，但乘车人免受了风雨灰尘的侵袭，人们把装有这类车身的汽车称为箱型汽车，如图 1-35 所示。福特 T 型箱型车年产量达到 30 多万辆，占当时美国汽车总产量的 70% ~ 80%。随着福特 T 型汽车的普及，用户产生了多样化的需求。美国通用汽车公司的雪佛兰总部看准这个需求，于 1928 年制造出带有散热器罩、发动机通风口和轮罩上增加豪华装饰的汽车，从而博得了用户的欢迎。随着生活节奏的不断加快，人们对车速的要求也越来越高。要想使汽车跑得快，有两条主要途径：一是增大发动机功率，二是减小空气阻力。随着车顶高度的降低，前窗玻璃不断变窄，但影响前方的视野，乘员感到十分压抑，后来放弃了降低高度提速的办法，而通过提高功率的办法来克服空气阻力，以至于发动机越做越大。

图 1-34　马车型（1908 年福特 T 型）汽车

图 1-35　箱型（1915 年福特 T 型）汽车

事实上我们现在乘坐的大中型客车也还是箱型车，不论客车是豪华型还是普通型，也不论车身的外饰如何变化，供乘客使用的空间仍然还是一个长方体的箱型空间，箱型车身延续至今仍然具有不可替代的生命力。但作为高速汽车来讲，箱型汽车是不够理想的。

3. 甲壳虫型汽车

由于箱型车的空气阻力太大，妨碍了汽车前进的速度，于是人们又开始了新的汽车外形的研究。

1920年德国人保尔·亚莱用风洞试验对飞艇进行了空气阻力的研究，他发现前圆后尖的物体阻力最小，从而找到了解决形体阻力的途径。以后空气动力学的研究中心转移到美国，有更多的学者从事汽车车身空气动力学的研究，他们的研究成果被用于汽车的设计和生产中。1934年，流体力学研究中心的雷依教授采用模型汽车在风洞中试验的方法测量了各种车身的空气阻力，这是具有历史意义的试验。1934年，美国的克莱斯勒公司生产的气流牌小客车首先采用了流线型的车身外形。1936年福特公司在气流牌的基础上加以精炼，并吸收商品学要素研制成功林肯牌和顺风牌流线型小客车。这些车散热器罩很精致并具有动感，俯视整个车身呈纺锤形，很有特色。受其影响，以后出现的流线型汽车有1937年的菲亚特和1955年的雪铁龙等。

流线型车身的大量生产是从德国的"大众"开始的。1933年，德国的独裁者希特勒要求波尔舍博士设计一种大众化的汽车，波尔舍经过长期观察，他发现一种名叫甲壳虫的小动物不但能在地上爬还能在空中飞，其形状的空气阻力很小。波尔舍把甲壳虫的自然美如实地、天才地运用到车身造型上。甲壳虫型车身迎风阻力最小，空气动力学的原理在这种车身上得到了完美的应用，也为以后在车身外形设计上运用仿生学开创了先河。波尔舍最大限度地发挥了甲壳虫外形的长处成为同类车中之王，甲壳虫也成为该时代汽车的代名词。由于第二次世界大战的原因，甲壳虫型汽车直到1949年才真正大批量生产，并开始畅销世界各地，同时以一种车型累计生产超过2000万辆的记录而著称于世，如图1-36所示。

4. 船型汽车

1949年，美国福特汽车公司经过多年的努力推出了具有历史意义的福特V8新型汽车。这种车型改变了以往汽车造型的模式，使前翼子板和发动机罩、后翼子板和行李舱罩融于一体，大灯和散热器罩也形成整体，车身两侧形成一个平滑的面，车室位于车的中部，整个造型很像一只小船，所以人们把这类车称为船型汽车，如图1-37所示。

图1-36 甲壳虫型汽车　　　　　　　　　　　　图1-37 船型汽车（1949年福特V8）

福特V8型汽车的成功不仅仅是在外形上有所突破，而且还首先把人机工程学应用在汽车的设计上，强调以人为本的设计思想，也就是让设计师置身于驾驶员及乘员的位置来设计便于操纵、乘坐舒适的汽车。船型汽车不论从外形上还是从性能上来看都优于甲壳虫型，这是因为船型车身使发动机前置，汽车重心相对前移，从而避免了甲壳虫型车身遇横向风不稳定的问题。时至今日，轿车无论是流线型还是在前翼子板与发动机罩之间大圆角过渡，或者在轿车尾部做变动，都能看到船型车身的影子。船型汽车克服了甲壳虫型汽车横向风不稳的缺点，但还是存在着一些问题，比如由于船型汽车尾部过分向后伸出形成阶梯状，汽车高速行驶时就会产生较强的空气涡流，影响汽车的行驶等。

图1-38 鱼型汽车（1952年别克）

5. 鱼型汽车

为了克服船型汽车高速行驶尾部涡流这一缺陷，人们把船型汽车的后窗玻璃逐渐倾斜，倾斜的极限即为斜背式。由于斜背式汽车的背部像鱼的脊背，所以称这类车为鱼型汽车。1952年，美国通用汽车公司生产的别克牌轿车就是这类车的代表，如图1-38所示。

仅从背部来看，鱼型汽车和甲壳虫型汽车是很相近的，但仔细观察可以看出鱼型汽车的背部和地面的角度比较小，尾部较长，围绕车身的气流也比较平顺，涡流阻力较小。另外，鱼型汽车基本上保留了船型汽车的长处，车室宽大、视野开阔、舒适性好，而且鱼型汽车还增大了行李舱的容积。但是鱼型汽车也存在一些缺点，一是由于鱼型汽车的后窗玻璃倾斜得比较大，使得玻璃的表面积增大了两倍，结构强度有所下降，产生了结构上的缺陷；二是由于发动机前置，车身重心相对前移，使横向风的风压中心和车的重心比较近，当车辆高速行驶时会产生较大的升力，使得车轮的附着力减小，有发生偏离的危险。鉴于鱼型汽车的这一缺陷，设计师们想出了一个办法，在鱼型汽车的尾部安装上一个翘起的翼子板来克服这部分空气升力，由于这个翼子板形状像鸭子尾巴，人们便把这种车叫做"鱼型鸭尾式"汽车。

6. 楔型汽车

图1-39 楔型汽车

鱼型鸭尾式车型虽然部分地克服了汽车高速行驶时空气升力的问题，但没有从根本上进行解决。经过大量的试验，设计师们最终找到了一种解决方案，那就是现代汽车的模板——楔型汽车。这种车型就是将车身整体向前下方倾斜，车身腰线前低后高，外形如同一个楔子，因而人们把这种造型称为楔型汽车，如图1-39所示。这种车行李舱明显高于发动机舱，车尾平直，能有效克服升力问题，有些还在尾部装上定风翼，更加适合高速行驶。楔型汽车从各个方面考虑已接近理想状态，现代轿车基本上都是朝着这个方向发展。从外形看，楔型车身造型清爽利落、简洁大方，非常具有时代气息，给人一种美的享受。

100多年来，汽车的外形不断随着时代进行发展，随着人们对科学技术的研究以及审美观念的变化，汽车的外形还会进一步演变。现在世界各大汽车制造公司都在着手进行这方面的努力，不断地研制出一些概念车，这也许就是未来汽车的缩影，我们相信，在人类的共同努力下，汽车的未来将更加辉煌。

思考题

1. 简要地回答汽车造型的概念和分类。

2. 举例分析汽车外形的发展演变过程。

第2章
Chapter 2

汽车色彩设计

2.1 汽车色彩设计引言

眼睛是人类心灵的窗户（如图2-1所示），色彩便是我们通过这扇窗户认识世界的第一反应。色彩不仅象征着自然的迹象，同时也象征着生命的活力。没有色彩的世界是无法想象的，可以说色彩充斥着人们的生活。色彩对人类生活的重要性是显而易见的。由于受职业、年龄、时代、风俗习惯等的影响，不同的消费者对颜色会产生不同的心理反应，从而对颜色形成不同的感情。色彩会对人的心理和生理产生很大的作用，甚至会影响人的精神状态。随着消费者审美情趣和文化品位的不断提高，对汽车色彩的关注度越来越高。在今天汽车外形日趋类同化的情况下，颜色已经成为区别轿车造型的关键要素之一，颜色是彰显汽车个性和时尚的重要元素（如图2-2所示，不同的汽车色彩展示的个性和时尚不一样），因此汽车色彩设计是至关重要的。

图 2-1　眼睛是心灵的窗户

图 2-2　不同的汽车色彩展示的个性和时尚不一样

2.1.1 汽车色彩设计心理的概述

色彩理论家夏特尔曾明确指出："色彩的经验与感情或情绪互为相关。"人是一种高级情感动物，靠知觉扫视物象再传达到理性记忆中，而知觉极易受情感的左右而产生不同的反应。色彩的接受基本上是一种情绪性的经验。它与物体接触的先决条件，便是透过感官的知觉活动吸收后，才导入心灵产生灵性的震颤作用。

　　色彩的直接心理效应来自色彩的物理光刺激对人的生理发生的直接影响。心理学家对此曾做过许多试验。他们发现，色彩富于表情，具有强烈的感情性。不同色彩的心理效应反应不同的感情表现。如图 2-3 所示，不同色彩的汽车传达的情感迥然不同。

图 2-3　不同色彩的汽车传达的情感迥然不同

2.1.2　色彩对汽车设计的影响

　　国际流行色协会调查数据显示：在成本不变的情况下，合适的、受欢迎的色彩设计可给产品带来 10% ~ 25% 的附加值。也有调查显示，消费者在选择商品的时候存在一个"七秒定律"，也就是说面对众多的选择，消费者往往能在七秒的时间内确定对一个商品的喜恶。而在各种感观影响因素中，色彩的影响比例占到 65%，可见色彩几乎可以左右消费者的购买选择。

图 2-4　上海大众新 Polo 颜色图解中的 6 种颜色

　　即使是同一品牌、同一款式的汽车，颜色不同也可能导致很大的产品差价。在国外，因色彩导致的汽车销售价差可达几百美元。在国内，因车身颜色不同而导致汽车价格不同的情况也已出现。国内汽车厂商在激烈的市场竞争中，已经开始注意到色彩在汽车生产和营销中的特殊作用。

　　上海大众针对现有六大产品系列，共计推出了 30 种不同的车身颜色，其中新增全新颜色 6 种，新增各车型的不同颜色组合共计 23 种。上海大众新 Polo 的颜色共有 8 种，分别是风格红、霓虹橙、极速黄、魅光蓝、劲酷黑、炫金灰、锐利银、风尚白（如图 2-4 所示为上海大众新 Polo 颜色图解中的 6 种颜色）。吉利曾经进行了长达3个多月、针对几千名消费者的市场调研，经过数十位设计专家、美工大师的研讨论证，提出了自己的"色彩营销"模式。可见，色彩对汽车设计的影响。

汽车色彩的设计是至关重要的。然而色彩心理的研究是汽车色彩设计的前提，只有了解了不同色彩带给消费者的不同情感，才可以设计出受消费者喜爱的汽车色彩。

2.2 汽车色彩中的情感

2.2.1 不同色彩的汽车彰显不同的性格

汽车颜色不仅仅是汽车的外衣和车型特征的标志，还能反映出车主的性格、情感和身份。汽车颜色心理学的定律是：选择较不起眼车身颜色的人，多半是循规蹈矩、工作欲望强烈的人；相反选择亮丽颜色的人，真正野心勃勃的并不多，他们是满足于享受生活乐趣的人。下面是对汽车颜色的分析。

（1）蓝色。安静的色调，但是感觉非常收敛，个性不张扬，如同我们的星球的深邃和大海的包容。蓝色是最能体现其内涵的颜色，蓝色非常适合个性不张扬的人，但蓝色不耐脏（如图2-5所示）。

车主性格：喜欢蓝色车的人，凡事为人着想、头脑灵活、反应敏捷，但给人冷漠的感觉。

开车习性：驾驶技术绝佳，对汽车多有研究。

（2）红色。红色包括大红、枣红，给人以跳跃、兴奋、欢乐的感觉。红色是放大色，同样可以使小车显大。红色是别致又理想的颜色，跑车或运动型车非常适合（如图2-6所示）。

图2-5 蓝色汽车

图2-6 红色汽车

车主性格：选择大马力的红色跑车，一看便知是潮流爱好者，相当注重自己的外貌之余，亦喜欢表现自我，并且十分重视别人对自己的看法，尤其介意别人以为你比实际年龄大。

开车习性：驾驶技术好，但要小心速度过快。

粉红色的色调比较柔和，代表浪漫、温柔、健康，在日本是女性购车者最为偏爱的颜色。粉红色一方面能将女性迷人的风韵展示出来，另一方面会给人柔弱的感觉，是感情细腻、个性温柔的人喜欢的颜色。

（3）黄色。黄色给人以欢快、温暖、活泼的感觉。黄色是扩大色，在环境视野中很显眼，跑车选用黄色非常适合，小型车用黄色也非常适合（如图2-7所示）。

车主性格：选择黄色车的人，什么事情都喜欢自己做主，恋爱方面则非常积极，就算身边亲友反对也会坚持下去。不过，勇往直前亦会碰钉子，最好还是好好计划一下再行事。

开车习性：常因不守交通规则而惹麻烦。

金黄色也是非常醒目的色彩。在我国传统文化中金黄色一般代表着辉煌、庄重和至高无上。在美国和欧洲地区，一辆金黄色汽车会给人留下愉快、享受和充满活力的印象。

（4）绿色。颜色鲜艳的绿色有较好的可视性，这是大自然中森林的色彩，也是春天的色彩。但豪华型车如果选用绿色，有点不伦不类的感觉（如图2-8所示）。

图 2-7　黄色汽车　　　　　　　　　　　　　　　　　图 2-8　绿色汽车

车主性格：喜欢绿色的汽车，代表你的精神状态经常不太稳定，容易紧张又易有烦恼，经常表现得很情绪化。

开车习性：小心跟车太紧会撞人车尾。

（5）银灰色。银灰色是最能反映汽车本质的颜色。看见银灰色就想起了金属材料，这种颜色给人的感觉是整体感很强。

车主性格：喜欢银色车的人，不喜欢过于刺激的活动，由于个性好静，不管是谁都会对你有好感。凡事花尽心思努力去做，若是女性更是不可多得的理想主妇。

开车习性：驾驶非常小心。

（6）白色。白色给人以明快、活泼、大方的感觉。白色是中间色，清洁朴实，容易与外界环境相吻合而显协调，白色车身较耐脏。另外，白色是膨胀色，容易使小车显大。另外，白色车相对中性，对性别要求不高（如图2-9所示）。

车主性格：白色能够陪衬多种不同颜色，因此喜欢白色车的人同样表现出其超乎常人的适应能力，尤其可与不同性格的人士相处。不过他们不会表现自己的真性情，常有所保留。

开车习性：安全第一。

（7）黑色。黑色是一种矛盾的颜色，既代表保守和自尊，又代表新潮和性感；给人以庄重、尊贵、严肃的感觉。但黑色汽车车身反而不耐脏，有一点灰尘就能看出来。黑色一直是公务车最青睐的颜色，高档车黑色气派十足，但低档车最好不要选用黑色，除非标新立异（如图2-10所示）。

车主性格：选择黑色车的人，性格多为沉郁且偏向双重性格，其表现行为未必可以切实反映其内心世界。

开车习性：容易分神而生意外。

图2-9 白色汽车

图2-10 黑色汽车

2.2.2 汽车色彩中的共同情感

（1）进退性。进退性就是所谓前进色和后退色，红色和黄色是前进色，蓝色和绿色是后退色。一般来讲，前进色的视认性较好。

（2）胀缩性。不同的颜色，会产生体积大小不同的感觉。如黄色感觉大一些，称膨胀色；而同样体积的蓝色、绿色感觉小一些，称收缩。膨胀色的视认性较好。

（3）明暗性。颜色在人们视觉中的亮度是不同的，可分为明色和暗色。红、黄为明色，暗色的车型看起来觉得小一些、远一些和模糊一些。明色的视认性较好。

（4）感知性。汽车内饰的颜色也影响着行车安全，不同颜色对驾驶员的情绪有一定影响。如淡的亮色使人觉得柔软，暗的纯色则有强硬的感觉等（图2-11和图2-12）。恰当地使用色彩装饰可以减轻疲劳，减少交通事故的发生。

图2-11 亮色汽车内饰使人觉得柔软

图2-12 暗的纯色有强硬的感觉

2.2.3　汽车色彩设计趋于个性化

时尚化、个性化是汽车色彩的发展趋势。国外的色彩权威机构通过发布流行色报告来引导色彩的时尚潮流。世界汽车涂料三巨头之一的巴斯夫公司曾经预测，在今后3~5年内，亚太地区的汽车有四大色彩趋势：一是与健康、可持续发展的生活方式相关的色彩；二是彰显成熟魅力的优雅华丽色彩；三是未来派色彩；四是具有液态金属感或者哑光漆质感的色彩。同时，国外色彩具有多样性、可选择性。日本丰田公司在消费者购车时，可以从12种车身色彩和11种内饰色彩中组合成131种色彩，让消费者自己尝试着搭配色彩，直到选择到满意的色彩。我们应该很好地借鉴流行色的预测，但又必须结合中国的实际，突出色彩的个性，使汽车色彩对中国的消费者有更强的针对性，为消费者提供更多的色彩选择。中国幅员辽阔，地域性差别很大，汽车消费群体庞大，他们的身份、地位、年龄、文化品位等千差万别，形成了众多消费层次。他们对汽车色彩的需求也是各不相同。上海汽车公司就针对有知识、有修养、事业有成、积极向上、追求品位的消费者，量体裁衣，打造了一款自主品牌"荣威"汽车，定位为中高端，该车从车型、性能到车身色彩都展现了一种全新的文化内涵和价值取向，引起了消费者的热切关注。在汽车外形日趋类同化的今天，色彩已经成为展示汽车个性的关键要素。缺乏个性的汽车色彩是不会受到消费者青睐的。

针对不同的人群，了解他们的色彩心理，从而设计出他们所喜爱的汽车颜色，让每个人的汽车都拥有属于自己的个性色彩。汽车色彩设计当前要突出重点消费层次，主要是有稳定收入的普通消费者，而这个消费群体数量庞大。因此，他们对经济型轿车颜色的需求也相对多种多样。汽车厂商应制定尽可能丰富的备选颜色，以适合和满足不同颜色喜好者的需要。靠个性化、时尚化的多姿多彩的颜色，使消费者第一眼就留下深刻印象，激起消费者强烈的购车欲望。

通过对色彩心理的研究，作为设计师对汽车色彩的设计有了一些了解。不同的年龄、不同的地位、不同的地域、不同的时代，色彩心理存在很大的差异。掌握汽车色彩对消费者产生的心理效应，才可以为消费者搭建一个温馨、舒适、安全、独具个性色彩的流动的家。

2.3　汽车色彩设计与汽车用途和级别

汽车外形和内饰对色彩的要求不一样。一般来说外形色彩纯度较高，内饰色彩纯度较低。例如客用汽车外部色彩给人的审美感受的特点是远距离的、短时间的、与环境色有对比的、几乎是全视觉感受的；而内部色彩的审美感受却是近距离的、长时间的、与材质肌理密切相关的、甚至是体验式的。根据这种差别对汽车驾驶室室内色彩总的要求是沉静、舒适、亲切、柔和。仪表板上的各种文字符号显示应与底色有良好的对比，清晰、易辨。驾驶室的顶篷和周围宜用中等明度、低纯度的浅色调，有利于驾驶员精力集中、安全准确地进行驾驶操作。而乘客室的色彩一般要求清新、舒适、亲切、柔和，有利于乘客旅途愉快，减轻烦闷和疲劳，因而配色时应尽量选用同色或邻色对比，色彩明度处理时应采用上明下暗的规律，既不给人造成压抑，又不失稳定感（图2-13和图2-14）。对于乘坐时间比较长的汽车室内，还可以点缀一些鲜艳的暖色，活跃车内的气氛，避免色彩的单调感。

货车的外部色彩一般采用一种颜色，主要是强调货车的力度、稳定性等功能特征。以前多采用低明度、低纯度的深色调，以适应耐脏的要求（图2-15）。现代货车已采用一些明度较高的浅色调，如乳白色、蓝色、浅灰色等，以适应货车作业环境上的变化，突出其现代感和社会文明，如图2-16所示。

图2-13　大客车外形色彩

图2-14　大客车内饰色彩

图2-15　货车的外部色彩——深蓝色

图2-16　货车的外部色彩——灰色

　　专用汽车的外部色彩主要取决于它的特殊功能特征和习惯用色，如救护车用白色、消防车用红色（图2-17）、邮政车用绿色（图2-18）、军用车用绿色或迷彩色（图2-19）、清扫车和洒水车用乳白色或浅蓝色、赛车用对比强且具刺激性的颜色等。

图2-17　红色消防车

图2-18　绿色邮政车

工程车鉴于野外作业环境和作业性质的不同，其外部色彩一般采用与环境色对比强、明度和纯度较高的鲜明的颜色，如橙黄、橘红、鲜蓝、珍珠白色，以点缀作业环境，给人以美的感受，改善心理上的单调感（图2-20）。

图2-19　迷彩色军用车

图2-20　橙黄工程车

不同功能的小型轿车的色彩也有区别。如果政府或商务用车来个跳动鲜艳的苹果绿，肯定会让人觉得不伦不类，那感觉就像在一群西服革履的人当中穿了一身沙滩服，显得太过休闲和没有职业感，给人的第一印象已经形成，再改就有难度，说得夸张点，因此而影响生意也是极有可能的。所以说在选择政府或商务用车时，并不是一个彰显个性的恰当时机，这里需要的是稳重和气派，黑色、银灰色等颜色无疑都是成功之选。笔者曾经在街头看到过一款定位与雅阁相同的车型用的是肉粉色车身，这令笔者感到惊讶不已。此类车大多数用途应该属于政府商务，能买得起而且选择了这类车的车主应该也是事业有成、成熟稳重的人，但是不知道为什么选择了这样的车身颜色，总之让人感觉十分怪异，不客气地说确实有点不合时宜。

然而家庭用的小轿车，颜色似乎就没必要那么正式了。犹如在家还天天穿着西服打着领带穿着皮鞋，难道不累吗？当然，在我国现阶段，只有少部分家庭拥有两辆以上的私家车，唯一的一辆小轿车还是非常有可能在比较正式的场合使用的，所以还是与买衣服的道理一样，休闲和正式最好都兼顾，像白色、银灰色等寻常颜色的局限性就比较小，像万金油似的，抹在哪儿都合适，而且白色和银灰色车身还耐脏，不像黑色车身一溅上泥点就能看出来。

图2-21　红色法拉利跑车

跑车当然应该用比较张扬的颜色，红色、黄色、富于金属质感的银灰色等都是不错的选择。如图2-21所示是红色法拉利跑车。体积小、设计卡通的车就更对亮丽色彩"来者不拒"了，Polo、Spark、QQ…最抢眼的就是那跳动的颜色，如果何时看到一席黑衣的QQ你肯定会大跌眼镜，俨然一个胖乎乎嬉皮笑脸的可爱小孩硬要装得深沉严肃，会让人感觉浑身不舒服。

2.4 汽车色彩设计的自然因素和社会因素

据心理学家分析，看不同的色彩，会改变我们的心跳和呼吸频率。就像听到刺耳的声音或悦耳的旋律时产生的不同感觉。不同的色彩在环境心理上的差异受到很多因素的影响。所以要了解不同因素对于消费者心理的影响，才能使汽车的色彩设计与环境和谐统一。

2.4.1 自然因素

1. 年龄差异

消费者对色彩的情感因年龄的不同而有所差异。随着年龄的增长，人对色彩的喜爱就有自己的偏好和理解。根据实验心理学的研究，人随着年龄的变化，生理结构也发生变化，色彩所产生的心理影响随之有别。中老年在选择汽车的时候偏重于稳重、沉着的颜色，如黑色、银色、白色等。而年轻人则偏重于活泼鲜亮的颜色，如红色、黄色、绿色等。

2. 性别差异

一般来说，男性喜爱的色彩大多是冷色、纯度较高的色彩，如黑色、灰色；女性则偏爱暖色、纯度较低的粉性色彩及白色。另外，男性喜爱的色彩大致相仿，色彩集中；女性则因人而异，色调分散。

调查显示女性最喜欢的汽车颜色排序为红色、蓝色、白色、银色、黑色、黄色和绿色。可见，最代表女性特质的颜色是奔放、热烈、激情的红色，或者是淡雅、幽静、清澈的蓝白两色，可以映衬出女性内心世界的温暖和典雅。

男性则大多喜欢黑色、银色这种冷色调的颜色，可见男性的沉着冷静。

3. 地理环境

不同的地理环境，色彩给人的感觉也不相同。如在日本，粉红色是汽车色彩的流行色之一，但在欧美却完全不受欢迎；而在欧、美、日均流行的褐色和墨绿，到了中国则水土不服。我国的北方城市偏好比较凝重沉稳的色彩，南方城市却对清新明快的颜色情有独钟。经常有雾的地区，汽车应采用明度大的色彩（例如黄色），在黄土高原或长期积雪的地方，采用绿色常常能给人愉快的感觉；反之，在绿化比较好的城市或绿色原野上就不宜采用绿色，甚至可采用红色。这些说明汽车颜色要同地区环境相适应。

2.4.2 社会因素

1. 科技差异

银色仍然是全球最流行的汽车色彩——占20%的北美市场、35%的欧洲市场和37%的亚太市场，白色和黑色紧随其后走俏北美市场，和银色一起在某些市场占据主导地位。

在北美市场，银色占20%居首，紧随其后的是白色（18%），第三是黑色（17%，较去年提高了2个百分点），之后是红色（13%）、蓝色（12%）、本白色（9%）、其他颜色（7%）和绿色（4%）。

"尽管最受欢迎的汽车色彩还是银色，但我们的银色再也不是传统的银色，" PPG汽车涂料色彩风格经理 Jane E. Harrington 介绍说，"随着技术和设计的改进，银色也根据色调偏移、色彩浓淡变化、铝片的尺寸和表面状况不断演变。银色和黑白色一起，是每条汽车生产线的主要调色板构成基色，这也增加了它的流行度。"

从而可以看出，科学技术的发展使得色彩的情感可以更加淋漓尽致地得到表现。

2. 时代差异

不同的时代，受欢迎的色彩不同。随着社会的发展，人们对色彩的喜好在一定的条件下也会发生变化，许多原来的流行色在人们的心目中已经过时，因此新的常用色与流行色互相转化，形成某种色彩的盛行与衰退，产生新的流行色。因此，汽车色彩要充分考虑到时间因素。

车型的档次与目标人群对汽车色彩的要求也不同。不同档次的车型在色彩设计时不能一概而论。对于经济车型，由于价位相对较低，因此消费群体数量庞大，需求也相对多样，生产厂商一般都为其制定了尽可能丰富的颜色供人们选择，而这一档次的汽车大多具有艳丽、明快、时尚的色彩。对于价位相对稍微高一些的中档车型，具有一定的商务用途，鲜艳、夸张的颜色明显减少，所选颜色应比一般经济型车略有收敛，但又不宜过分凝重。而对于价位高档的车型来说，大部分为商务用途或高级私家车，颜色相对最为沉稳厚重，多集中在黑色、白色和银色。因此在进行汽车色彩设计时，设计师必须考虑诸多因素对汽车色彩产生的影响，以及当前技术实施的可能性，绝对不可以天马行空，尽情发挥。

3. 民族色彩

不同民族或不同地区的人们，其生活习惯是有差别的，他们总是用自己喜爱的色彩去美化生活环境——街道、建筑物、服装、装饰等，从而具有独特的民族风格。

汽车的色彩要与这种生活环境有联系，与广大群众的思想感情相一致。但是，这并不是说汽车的色彩要与环境完全调和，而应与街道、建筑物、城市绿化等色彩有适度的区别，但一般不采用鲜艳的色彩。

国外品牌汽车的色彩都蕴含着本民族文化的丰富内涵。中国是有着五千多年文明史的古国，有许多优秀文化传统值得我们去学习、传承和借鉴。儒家的中庸思想强调的和谐观告诉我们做任何事情都要恰到好处，"过"和"不及"都是不完美的。它的"人本思想"倡导尊重人、关爱人。这些传统文化的精髓、精华至今还在影响着现代人的生活，对现代的工艺设计产生着不可低估的作用。

通过对色彩心理的研究，我对汽车色彩的设计有了一些了解。不同的年龄、不同的地位、不同的地域、不同的时代，色彩心理存在很大的差异。掌握汽车色彩对消费者产生的心理效应，才可以为消费者设计一个温馨、舒适、安全、独具个性色彩的流动的家。

2.5 实例——同款汽车不同配色的感觉不同

（1）霓虹音韵。

富贵、华丽、健康、活力的颜色组合，主要是为年轻、有才艺的女性设计，如图2-22所示。

（2）纯朴演绎。

朴实、高尚、前卫的颜色组合，主要是针对青年白领男性设计的汽车，如图2-23所示。

（3）绿色田园。

此款颜色搭配年轻的男女皆适合，色彩主要体

图2-22 霓虹音韵

现了朝气、自然和进步，如图 2-24 所示。

图 2-23　纯朴演绎

图 2-24　绿色田园

（4）紫水晶。

优雅、高尚、考究的魅力组合，适合青年女性，如图 2-25 所示。

（5）蓝色森林。

硬朗、理智、严谨、动感，适合果敢、睿智的青年男性，如图 2-26 所示。

图 2-25　紫水晶

图 2-26　蓝色森林

（6）红与黑。

运动、力量、有生命力的颜色组合，此款设计适合简洁、成熟的男性和干练的白领女性，如图 2-27 所示。

（7）冰火翡翠。

外表保守的颜色与内心时尚、华丽的颜色搭配，适合具有现代感的男性青年，如图 2-28 所示。

（8）紫色书香。

优雅、情趣、润泽、时尚的颜色搭配，适合感性的有品位的青年女性，如图 2-29 所示。

图 2-27　红与黑

图 2-28　冰火翡翠

图 2-29　紫色书香

同样的造型，在色彩上发生改变，给人的感觉也存在很大的差异。就算是同款车型，在颜色上进行变换，也会受到不同消费群体的喜爱。

2.6 中国汽车色彩的现状及发展趋势

现在中国城市宽敞的街道上，一扫昔日黑色的单调和沉闷，流淌着一条艳丽的七彩河。五颜六色、多姿多彩的汽车装点了城市的美丽。由于中外合资汽车制造企业的努力和大量进口汽车的涌入，使汽车的色彩日新月异、丰富纷繁、光彩夺目。汽车色彩已经成为消费者购车时考虑的重要因素，特别是追求时尚和个性的女性购车者，对汽车的颜色更是百般挑剔。据有关专业人士调查，现在超过40%的消费者在购车时，如果中意的车型没有自己喜爱的颜色，他会等待或是另选其他的车型，决不会放弃自己喜爱的色彩。聪明的汽车制造企业和经销商已经看到汽车色彩潜藏的巨大商机和可观的经济价值，汽车色彩的开发研究和创新设计越来越受到重视。当今，中国汽车产业要靠"自主能力"打出中国自己的品牌，汽车色彩的研发和创新是首当其冲的艰难的一关。

目前，中国汽车色彩的研究和开发基本处于空白的境地，大大落后于国际汽车产业的同行。首先，汽车企业多年来走一条模仿国际汽车色彩的路子，没有形成具有民族特色和中国文化内涵，体现企业文化个性的品牌色彩。国际上一些大汽车公司的品牌都有丰富的文化内涵，具有自己的独特风格，因此大大提高了品牌的含金量。通过汽车外观色彩，就能看到德国车的严谨、法国车的浪漫、英国车的高贵、日本车的精明。他们不同车系的色彩所具有的特殊文化气质已经在消费者心中形成了鲜明的差异化形象和产品定位。中国奇瑞汽车就对汽车色彩做了积极的探索和大胆的尝试。奇瑞QQ就是依靠了它靓丽的色彩取得了成功，奇瑞QQ的多色系列开拓了市场空间，为消费者提供了更多颜色的选择，满足了消费者对车身色彩的需求。奇瑞汽车的这种努力是少有的亮点，但对整个中国汽车产业的发展也只能是杯水车薪，是远远不够的。

汽车色彩要以人为本，体现人性化、个性化，整体色彩力求和谐、平稳、大气、高雅、完美，要在表现中国传统文化底蕴和民族风格上下功夫。中国传统艺术在色彩的运用上也有自己的特点。中国国画对黑白、青绿颜色就情有独钟，在运用上技艺高超，令世人瞩目。采用红、绿、蓝、紫等色彩描绘出的壁画色彩热烈、对比鲜明、金碧辉煌，让全世界都叹为观止。由于历史的积淀，中国消费者对颜色有自己的审美心理、文化理念和思想感情，对传统的颜色赋予了特有的思想和生命。例如，红色，热烈红火，象征吉祥喜庆；黄色，灿烂辉煌，象征庄重威严、高贵华丽；绿色，恬静优雅，象征生生不息、舒适自然；紫色，典雅浪漫，象征神秘、高贵等。走自主打造民族汽车品牌的路子，就应该深刻理解传统文化的精神，吸收中华优秀艺术的营养，创新汽车色彩设计，开发出具有中国特色的汽车色彩品牌。

可见色彩心理对于汽车色彩设计的重要性。只有了解不同色彩带给人的不同感受，才可以设计出独特个性的汽车色彩。

思考题

1. 举例说明色彩设计对汽车造型设计的影响。
2. 举例分析不同色彩的汽车彰显不同的性格。
3. 简述汽车色彩设计的自然因素和社会因素。

第3章
Chapter3

汽车造型的技术因素

3.1　汽车的整车尺寸

在介绍汽车整车尺寸以前先了解一下与外形相关的汽车外部各部件的名称，如图3-1所示。

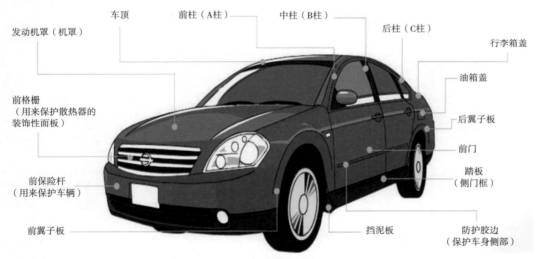

图 3-1　汽车外部各部件名称

　　汽车设计中由总体设计师确定的外形尺寸包括：长、宽、高、轴距、轮距、前后悬长和离地距等。各参数的含义如图3-2所示。汽车尺寸所要考虑的因素主要是主要零部件的布置和使用性能要求。使用性能要求则主要由汽车所针对的目标市场级别而定。通常，美国车的尺寸比欧、日的标准大很多，这主要是因为美国地大车少、油价低廉，对于汽车空间的要求远大于对省油性能的要求。日本则正好相反，为了改善道路拥挤情况，日本政府对汽车的税收等级是以外形尺寸（主要是占地面积长 × 宽）来划分的，车身越大使用费用越高。因此日本汽车造型设计所追求的是"空间利用率"，即在有限的车身尺寸下争取最大的内厢空间。可以说日本车紧凑的目的是为了符合法规；欧洲人也热衷于小型车，但他们造小车的主要目的是省油和使用方便；而美国人的生活环境决定了他们用不着把汽车造得太紧凑。

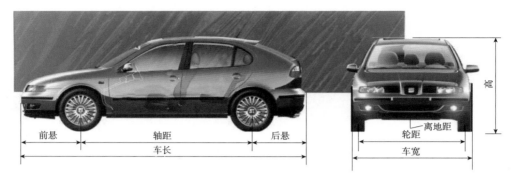

图 3-2   汽车的整车尺寸

汽车的长、宽、高、轴距是影响乘坐空间的四要素，但这只是基础，要在尺寸不大的车身上设计出空间充裕的座舱，还必须精心设计车厢轮廓。这就是所谓的"利用率"问题，而它又与全车的整体布局息息相关，并且要保证设计的人机工程学要求。

3.1.1   各级汽车的尺寸标准

确定汽车尺寸所要考虑的因素主要是机械布局和使用要求，其中机械布局根据厂家各自的设计方案有所差异；使用要求则主要由汽车所针对的目标市场级别而定。表 3-1 所示是根据经验总结的各主要级别（主要乘用车）的常见尺寸范围。

表 3-1   主要乘用车的常见尺寸范围   单位：m

汽车类型	长　度	宽　度	高　度	轴　距	典型代表
欧洲、亚洲轿车					
小型两厢轿车	3.6 ~ 4.0	1.5 ~ 1.7	1.3 ~ 1.5	2.2 ~ 2.5	夏利
小型三厢轿车	4.1 ~ 4.4		1.3 ~ 1.5	2.3 ~ 2.6	丰田 COROLLA
中型轿车	4.3 ~ 4.7	1.7 ~ 1.8	1.3 ~ 1.5	2.6 ~ 2.8	捷达
中大型轿车	4.6 ~ 4.9	1.7 ~ 1.9	1.3 ~ 1.6	2.7 ~ 2.9	日产 CEFIRO
大型轿车	4.8 ~ 5.2	1.8 ~ 2.0	1.4 ~ 1.6	2.8 ~ 3.2	奔驰 S-CLASS
其他车种					
中型越野车	4.5 ~ 4.9	1.7 ~ 2.0	1.7 ~ 2.0	2.5 ~ 2.8	三菱 PAJERO
中型 MPV	4.4 ~ 4.8	1.7 ~ 1.9	1.5 ~ 1.9	2.7 ~ 3.0	丰田 PREVIA
中型皮卡（Pickup）	4.7 ~ 5.0	1.6 ~ 1.8	1.4 ~ 1.6	2.7 ~ 2.9	丰田 HILUX
特殊规格					
日本轻自动车（K-CAR）	<3.7	<1.5	不限	不限	奥拓
美国标准大型房车	5.2 ~ 5.5	1.8 ~ 2.1	1.3 ~ 1.5	2.8 ~ 3.3	林肯 TOWNCAR
美国标准多用途车（SUV）	5.0 ~ 5.5	1.8 ~ 2.2	1.8 ~ 2.2	2.8 ~ 3.2	别克 GL8
一级方程式赛车	4.2 ~ 4.4	<1.8	0.9 ~ 1.0	2.8 ~ 3.1	

3.1.2   汽车主要参数的确定

确定汽车尺寸首先要服从机械布局，然后要满足各项应有的功能，如必须具备载客、载货的空间等，下面详谈各尺寸的具体确定方法。与汽车造型最主要的参数简单地说主要包括以下几个方面（图 3-3）。

- 车长（mm）：汽车长度方向两极端点间的距离。
- 车宽（mm）：汽车宽度方向两极端点间的距离。
- 车高（mm）：汽车最高点至地面间的距离。
- 轴距（mm）：汽车前轴中心至后轴中心的距离。
- 轮距（mm）：同一轿车左右轮胎胎面中心线间的距离。
- 前悬（mm）：汽车最前端至前轴中心的距离。
- 后悬（mm）：汽车最后端至后轴中心的距离。
- 最小离地间隙（mm）：汽车满载时，最低点至地面的距离。
- 接近角（°）：汽车前端突出点向前轮引的切线与地面的夹角。
- 离去角（°）：汽车后端突出点向后轮引的切线与地面的夹角。

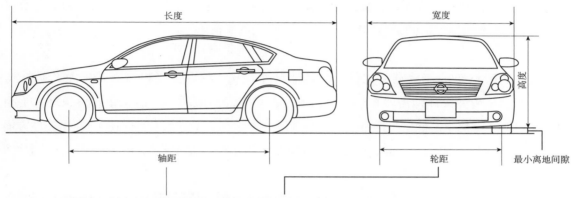

图 3-3 汽车主要参数（后视镜和天线不包括在车辆尺寸中）

1. 车长

长度是对汽车的用途、功能、使用方便性等影响最大的参数。因此一般以长度来划分车身等级。车身长意味着纵向可利用空间大，这是显而易见的；但太长的车身会给调头、停车造成不便。4m 长与 5m 长的汽车在驾驶感觉上会有很大的差异，一般中小型乘用车长 4m 左右，接近 5m 长的可算作大型车了。

2. 车宽

宽度主要影响乘坐空间和灵活性。对于乘用轿车，如果要求横向布置的三个座位都有宽阔的乘坐感（主要是足够的肩宽），那么车宽一般都要达到 1.8m。近年由于对安全性的要求，车门壁的厚度有所增加，因此车宽也普遍增加。日本车对宽度的限制比较严，大部分在 1.8m 以下，欧洲车则倾向增大车宽。但是车身太宽会降低在市区行走、停泊的方便性，因此对于轿车来说车宽 2m 是一个公认的上限。接近 2m 或超过 2m 的车都会很难驾驶。道路用车（大货车、大客车）的车宽一般也不能超过 2.5m。对于车外倒后镜不能折叠的车辆，规格表上的宽度一般把外伸倒后镜也包括在内，因而有些欧洲轿车规格表上的宽度接近甚至超过 2m（例如 FIAT MULTIPLA 宽度为 2010mm）。

3. 车高

车身高度直接影响重心（操控性）和空间。大部分轿车高度在 1.5m 以下，与人体的自然坐姿高度相比低很多，主要是出于降低全车重心的考虑，以确保高速拐弯时不会翻车。MPV、面包车等为了营造宽阔的乘坐（头部空间）和载货空间，车身一般比较高（1.6m以上），但随之使整车重心升高，拐弯时车身侧倾角度大，这是高车身车种的一个重大特性缺陷。此外，在日本、香港等国家和地区，大部分的室内停车场都有高度限制，一般为1.6m，这也是确定车高的重要考虑因素。小型车为了在有限的占地面积内扩大车厢空间，近年有向上发展的趋势，如丰田的YARIS（高1500mm）和标致206（1430mm），以及一批超过1.7m的日本K-CAR级RV（如铃木WAGONR），车身都比传统的小型车高出很多，但重心升高导致的主动安全性下降是必然的。

4. 轴距

在车长被确定后，轴距是影响乘坐空间最重要的因素，因为占绝大多数的两厢和三厢轿车，乘员的座位都是布置在前后轴之间的。长轴距使乘员的纵向空间增大，直接得益的是对乘坐舒适性影响很大的脚部空间。在行驶性能方面，长轴距能提高直路巡航的稳定性，但转向灵活性下降，回旋半径增大。因此在稳定性和灵活性之间必须作出取舍，取得适当的平衡。

5. 轮距

轮距直接影响汽车的前后宽度比例。与其他尺寸相比，轮距更受机械布局（尤其是悬挂系统类型）的影响，是造型设计师需要在很早期就确定的参数。一般轿车的前轮距比后轮略大（相差约10～50mm），即车身前半部比后半部略宽，这与气流动力学有关（将在以后详述）。在操控性方面，轮距越大，转向极限和稳定性也会提高，很多高性能跑车车身叶子板都向外抛，就是为了尽量扩大轮距。

6. 前悬和后悬

车长 = 前悬 + 后悬 + 轴距。所以轴距越长，前后悬便越短。最短的悬殊长可以短至只有车轮，即为车轮半径1/2。但除了一些小型车要竭力增加轴距来扩大乘坐空间外，一般轿车的悬长都不能太短，一来轴距太长会影响灵活性，二来要考虑机械零件的布局。近年为了满足严格的正面撞击测试法规，有加长前悬的趋势，目的是容纳车架的撞击缓冲结构。后悬则可以比前悬稍长一些。图3-4中的A、B角分别称为接近角和离去角，是衡量汽车通过性的重要指标。由图可见，角度越大，车身能安全通过的坡度越大。其中接近角尤为重要，因此越野车的前悬都很短。

图3-4　汽车接近角和离去角

7. 离地距

离地距即车体最低点与地面的距离。后驱车的离地最低点一般在后轴中央，前驱车一般在前轴，也有一些轿车的离地距最低点在前防撞杆下缘（气流动力学部件）。离地距必须确保汽车在行走崎岖道路、上下坡时的通过性，即保证不"刮底"。但离地距高也意味着重心高，影响操控性，一般轿车的最低离地距为 130 ～ 200mm，符合正常道路状况的使用要求。越野车离地距普遍大于 200mm。赛车由于安装了扰流车身部件，并且要降低重心，离地距可以低至 50mm，当然前提是赛车跑道路面平坦，在普通道路上肯定是不可行的。

3.2 汽车的总布局

1. 何谓布局

这里所讲的布局，是指如何安排一部汽车的各个组成部分在整车中所处的相对位置，即全车的整体布局。布局方案一般是由总工程师决定的，但对于车身造型设计师，很好地理解甚至具备确定总体布局的能力也十分重要，这是因为与其他工业产品相比，汽车构造的复杂多变性要大得多。以电视机为例，所有电视机的内部结构大多相差无几，大致上都为立方体，造型（即外壳）所要提供的功能也不多，因而电视机外壳的设计就不需要具备什么"布局"观念；但是汽车的内部结构比电视机复杂得多，使用功能的要求很严格（如乘员／载货的空间、人机工程学的要求等），这些构成了很多在造型设计过程中必须遵循的条件。因此，汽车造型设计师必须具备很清晰明确的布局观念，才能设计出具有优秀功能性的汽车外形。事实上很多突破性的布局方案都是由造型设计师在概念设计的阶段构想出来的。

2. 布局元素

一部汽车的布局元素包括发动机、传动系统、座舱、行李舱、排气系统、悬挂系统、油箱、备胎等，其中前三者：发动机、传动系统和座舱是决定布局的三要素，按照"三要素"可将布局方式分为前置引擎前驱（FF）、前置引擎后驱（FR）、中置引擎（MR）及后置引擎（RR）四大类型，确定布局类型后，其他部件可采用见缝插针的原则。一个优秀的布局方案应该在使各部件工作良好的基础上满足应有的使用功能（如载人、运货、越野等）。如图 3-5 所示为某车的布局。

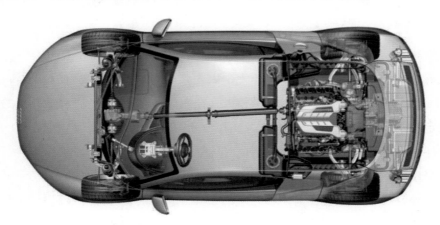

图 3-5 某车布局

下面对各种布局方案进行简单介绍。

（1）前置引擎后轮驱动（FR）。

前置引擎后轮驱动如图 3-6 所示，引擎纵置于车头，纵向与变速箱相连，经过传动轴驱动后轮。最早期的汽车绝大部分采用 FR 布局，现在则主要应用在中高级轿车上。它的优点是轴荷分配均匀，即整车的前后重量比较平衡，因此操控稳定性比较好。据物理原理的计算，后轮作驱动轮时，轮胎的附着利用率要优于前轮驱动，这是中大型轿车（马力、扭力较大）都采用后轮驱动的主要原因。FR 的缺点是传动部件多、传动系统质量大、贯穿座舱的传动轴占据了座舱的地台空间。为了容纳传动轴，凡是采用 FR 的房车，其后座中间座椅的地台都是隆起来的，大大影响了脚部空间和乘坐舒适性，这可以说是 FR 的最大缺点。

（2）前置引擎前轮驱动（FF）。

前置引擎前轮驱动是将引擎横置在车头，经过变速箱直接驱动前轮，就可以免去传动轴，从而解决了 FR 布局的车厢地台问题，这种方案称为 FF 布局（如图 3-7 所示）。FF 是目前绝大部分微、小、中型轿车采用的布局方式。除了车厢地台降低外，FF 在操控性方面也具有优势：由于重心偏前且由前轮产生驱动力，FF 的汽车在操控性方面具有明显的转向不足特性，这在汽车操控性评价中属于一种安全的稳态倾向，是民用车的理想特性。抗侧滑的能力也比 FR 强。但之前也提到 FF 的驱动轮附着利用率较小，上坡时驱动轮的附着力会减小；前轮的驱动兼转向结构比较复杂，引擎和传动系统（变速箱、离合器等）集中在引擎舱内，布局拥挤，局限了采用大型引擎的可能性。这是大型轿车不采用 FF 的主要原因。针对这个问题，近年来出现了纵置引擎的 FF 布局（以前 FF 的引擎都是横置的），从而可以采用较大型的引擎。例如配 3.5L V6 引擎的本田 Legend 和 2.8L V6 的奥迪 A6，都属于为数不多的中大型 FF 轿车。

图 3-6 前置引擎后轮驱动 　　　　　　　　　　　　　图 3-7 前置引擎前轮驱动

（3）后置引擎后轮驱动（RR）。

后置引擎后轮驱动早期广泛应用在微型车上，因为其结构紧凑，既没有沉重的传动轴，又没有复杂的前轮转向兼驱动结构。它的缺点是后轴荷较大，在操控性方面会产生与 FF 相反的转向过度倾向，即高速拐弯的稳定性差，容易侧滑。现在仍采用 RR 布局的轿车已经很少。保时捷 911 是其一，而它极易甩尾的操控特性也是出了名的，如图 3-8 所示。

（4）中置引擎后轮驱动（MR）。

中置引擎后轮驱动即引擎放置在前后轴之间的布局方式。最大的优点显然是轴荷均匀，具有很中性的操控特性。缺点是引擎占去了座舱的空间，降低了空间利用率和实用性。因此采用 MR 的大都是追求操控表现的跑车。一般的 MR 布局，引擎是置于座椅之后、后轴之前的，这样的布局在情理之中；近年出现了一种被称为"前中置引擎"的布局方式，即引擎置于前轴之后、乘员之前，驱动后轮。从形式上这种布局应属于 FR 类型，但能达到与 MR 一样的理想轴荷分配，从而提高了操控性。宝马 3 系列、本田 S2000 都属于这种类型，如图 3-9 所示。

图3-8　后置引擎后轮驱动

图3-9　中置引擎后轮驱动

（5）四轮驱动。

无论是前置、中置还是后置引擎，都可以采用四轮驱动。由于四个车轮均有动力，附着利用率最高，但重量大、占空间是它的显著缺点。此外动力流失率比单轴驱动大。四轮驱动过去只用于越野车，近年来随着限滑差速器技术的发展和应用，四驱系统已经能够精确地调配扭矩在各车轮之间分配，所以出于提高操控性的考虑，采用四轮驱动的高性能跑车也越来越多，如图3-10所示。

图3-10　四轮驱动

思考题

1.请描述说明汽车造型最主要的参数（车长、车宽、车高、轴距、轮距、前悬、后悬、最小离地间隙、接近角、离去角）。

2.对照汽车外形照片简述汽车外部各部件名称。

第4章
Chapter4

汽车外部造型设计

造型是汽车的外观，是汽车评价中最直观、最富感染力的部分，好的造型对提高产品竞争力、反映企业文化有着重要意义。它包括很多重要的造型部位，如图4-1所示。

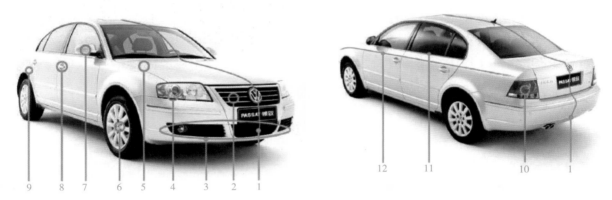

图4-1 汽车重要造型部位
1—侧面轮廓线；2—散热器面罩；3—保险杠；4—车头灯；5—引擎盖；6—轮毂；7—后视镜；8—门把手；
9—翼子板；10—尾灯；11—车窗轮廓线；12—腰线

本章着重从汽车的头部造型设计、侧身造型设计、尾部造型设计三个部分具体研究汽车的外部造型。

4.1 汽车头部造型设计

汽车头部是汽车的重要组成部分，当我们看到汽车时，它给人印象最深的部位也是头部造型、头部造型最容易反映汽车的个性特征以及汽车所具有的"神态表情"（如图4-2所示是各种不同造型和色彩的汽车头部给人传达的不同感觉）。下面介绍头部造型设计的几个元素。

4.1.1 汽车"前脸"造型设计

汽车"前脸"也就是汽车的面罩，不但用来保护内部的构件，而且是体现汽车造型风格和品牌特性的最佳最重要的造型部分。各厂商生产的汽车的面罩造型都有本企业的独特风格，代表本企业的品牌形象。例如宝马车的双肾型造型，如图 4-3 和图 4-4 所示。

NO.1   NO.2   NO.3   NO.4   NO.5

NO.6   NO.7   NO.8   NO.9   NO.10

NO.11   NO.12   NO.13   NO.14   NO.15

图 4-2   各种不同造型和色彩的汽车头部给人传达的不同感觉

图 4-3   宝马车的双肾型造型（一）

图 4-4   宝马车的双肾型造型（二）

    散热器罩的功能是对通往散热器的空气进行导流，保证散热效果。要考虑散热器前面开口面积、风扇倾斜带来的空气流入量的变化及从前面看时发动机室内部的遮蔽性。使用的材料有合成树脂，绝大多数为 ABS 树脂，特殊的也有使用压铸锌和钢板的。往往需要再进行表面处理，主要有喷漆处理、电镀处理及与外观电镀相近的阳极处理等。散热器罩是汽车前脸的重要组成和重点装饰部分，它与发动机罩、前保险杠、前灯、前翼子板等组成了汽车前部的艺术形体。在世界许多知名汽车品牌中，散热罩的造型已经成为其品牌的象征。

1.汽车"前脸"造型与整体造型的关系

"前脸"是汽车头部造型中的主要部位，具有很强的视觉吸引力，因此对车身整体效果有很好的对比和衬托作用。可以说汽车"前脸"造型研发成功与否对整车造型来说至关重要。Audi（奥迪）的"大嘴"造型引领了乘用车隔栅的造型趋势，这种"大嘴"造型是突破传统的上部隔栅、大灯，下部保险杠的横向分割，将前脸纵向分割为三大块，如图4-5和图4-6所示。

图4-5 Audi（奥迪）的"大嘴"造型（一）　　　　图4-6 Audi（奥迪）的"大嘴"造型（二）

2.汽车"前脸"造型的象征意义

汽车"前脸"是体现汽车形态"灵魂"的主要部位，如果说汽车的头部具有生物头部的相似性，那么汽车的"前脸"就好比动物的脸部或脸部上的器官（如图4-7所示，各种不同的交通工具的"前脸"都具有自己的象征意义），有的像青蛙的头部一样有尖尖的嘴，让人觉得十分可爱；有的面罩像猛虎一样具有宽宽的额头，自有一种庞大威猛之感。针对其独特的造型效果，设计师在进行语义编码的时候就将自己头脑中的主观形象赋予汽车产品，从而唤起使用者或消费者相似的感觉和体验。

4.1.2　汽车前大灯造型设计

自1898年首个汽车车灯诞生以后，经过115年的演变发展，车灯已经成为汽车特别是轿车漂亮的外形和功能的重要构成。随着汽车造型改进和装饰的多样化，照明装置制造材料和形状也发生了日新月异的变化，新一代轿车的前大灯为多灯组合式设计，即将远光、近光、转向灯、雾灯全部设计进一个大灯罩内，这一大灯罩成为车身造型的重要部分，而且往往是"点睛之笔"。这类组合式前大灯内有不同形式的组合方式：一是有怀旧色彩的多盏小圆灯的组合，这类车型有奥迪A4和A8、大众高尔夫、福特福克斯和蒙迪欧、宝马新7系等；二是方形灯与圆形灯的组合，如帕萨特BS、宝来、红旗一世纪星等；三是全部由不规则的异形灯组合而成的前大灯，如沃尔沃S60、斯柯达欧雅、马自达323、日产阳光等。"复古"的独立圆形前大灯设计，一方面是承袭其自身固有的风格，另一方面是由"怀旧"思潮引发的。新一代大众Polo就是其中的杰出代表，它的双圆形独立大灯比上一代传统的长方形组合灯造型显得更有灵气。

图 4-7　各种不同的交通工具的"前脸"都具有自己的象征意义

1. 车灯的功能及分类

车灯的功能主要是照明和指示信号，因此车灯按其功能可分为两大类：第一类是照明灯，包括前照灯、前雾灯、倒车灯等；第二类是指示信号灯，包括转向灯、制动灯等。其中前雾灯和倒车灯既是照明灯，又是指示信号灯。汽车前大灯一般为组合前大灯，有多种功能，如图 4-8 所示。

2. 前大灯的造型意义

车灯是汽车形体的重要造型要素之一，其中前大灯的造型更关系到整车造型的成败，也是整车造型中最活跃、最精彩的因素。既然我们把汽车的头部比作是生物的头部，那么前大灯就是动物心灵的窗口—眼睛。

图 4-8　组合前大灯

如图 4-9 所示是保时捷 911 车系中经典的青蛙眼外形。对很多保时捷 911 的车迷来说，青蛙眼的造型设计才是保时捷 911 车系设计的精髓，只有有了那双"青蛙眼"，这才是一款纯正的保时捷 911。对于保时捷 911 来说，蛙眼头灯早已成为一种标志，每一代的 911 都应该围绕着这个蛙眼来做文章，上一代 996，保时捷的设计师们大胆求新，以水滴形的前大灯设计取代了"青蛙眼"，但求变的结果是招致 911 车迷的一片骂声，在"不务正业"7 年之后，保时捷终于意识到青蛙眼对 911 的重要性，现在青蛙眼的归来意味着保时捷 911 再度回到"青蛙王子"的传说中来。

宝马的"天使眼"最具有鹰的神韵，它的眼神犀利、尖锐，似乎时时都在瞄准猎物，如图 4-10 所示。

图 4-9　保时捷 911 经典的青蛙眼外形　　　　图 4-10　宝马的"天使眼"最具有鹰的神韵

3. 车灯的造型要点

首先是车灯造型轮廓线的设计，在勾勒车灯轮廓时，既要注意车灯的外围轮廓线和整体线条的协调关系，保持整体线条的连贯流畅，又要使其鲜明、醒目，富有视觉吸引力。其次是车灯表面曲面设计，由于车灯的位置有的在车身上的转折处，因此车灯的外表面一般都是曲面，这样才能与多个面之间较好地融合在一起，达到协调统一的效果。如图 4-11 所示的汽车的车灯造型方面就具备了以上两个要点，不仅在轮廓线上与整体线条协调，而且在表面曲面设计上与车的前脸和侧面较好地融合在一起，体现整体性。最后是车灯内部布局和效果的设计，这一要点主要是针对结构较复杂的车灯，因为这种车灯内部可能包含有远光灯、近光灯、示宽灯、转向灯。各种灯的组合和排列都对造型布局有很大影响，要求设计师要充分考虑到车灯外形轮廓及内部各种灯的布局的相互关系，这样才能设计好前大灯。

图 4-11　车灯轮廓线与整体汽车线条协调

4.1.3 汽车引擎盖造型设计

引擎盖（又称发动机罩）是最醒目的车身构件，是买车者经常要察看的部件之一。由于大多数汽车的发动机都置于汽车前部，因此发动机的结构、尺寸和形状直接影响汽车头部的造型。例如，以前的汽车大都装有直列气缸发动机，致使汽车头部又高又长。近年来采用了 V 型发动机，则减少了汽车头部的高度，使楔形轿车得以实现。新式轿车的发动机日趋紧凑、扁平，为轿车整体造型美创造了条件。可实现引擎盖与侧翼子板平齐的造型，这种造型形式可使轿车头部圆滑、平顺，减少了空气阻力，增强了车身头部的整体感。

4.1.4 汽车保险杠造型设计

一般前后保险杠的结构大体相同。保险杠的功能有：碰撞时吸收部分能量来保护车身；给予装置的灯具、牌照架及牌照等以足够的空间和装置条件；美化功能；提高空气动力特征等。保险杠可分为吸能型、低能量吸收型和钢制保险杠等。把部分围板和翼子板等作为保险杠的一部分来构造，造型丰满、美观大方、具有明显的装饰性，会给人一种保险杠和车身成为一体的完整感觉。

4.2 汽车侧身造型设计

汽车侧身造型设计主要包括侧身轮廓线（又称汽车侧腰线）设计、后视镜造型设计、汽车翼子板造型设计等。

4.2.1 汽车侧身轮廓线造型设计

侧身轮廓线基本反映了车头、车身、车尾形态之间的相互关系。引擎盖、前挡风玻璃、车顶、后挡风玻璃的构建都必须以侧面轮廓线为造型基础。它也是决定着整车车型和风格的特征线，决定是三厢车还是两厢车，是跑车还是轿车，强调速度感还是稳重感。

汽车腰线是在侧车窗下沿线下方与之成一定夹角的空间曲线。从顶视的角度看，它在侧车窗下沿线的外侧并沿车中心在两面对称存在。不管是哪种腰线设计，除了考虑布局之外，主要是为了配合汽车整体的造型设计从而提升汽车造型的设计美感。根据品牌以及车型的不同，腰线主要有两种走势：一种是以柔和的过渡面呈现的腰线（图 4-12），虽然这种类型没有棱角分明的线，但是通过车身反光的折射角度观察，还是能够看到车身面的转折；另一种是以比较明显的折线呈现的腰线（图 4-13）。

图 4-12　柔和的过渡面呈现的腰线

图 4-13　比较明显的折线呈现的腰线

4.2.2　汽车后视镜造型设计

后视镜，顾名思义就是用来观察车后的情况以保证行车时的安全性的镜子。后视镜造型设计是汽车侧身造型的细节设计，它的设计为整车造型锦上添花。

1. 汽车后视镜的造型意义

首先，因后视镜具有很强的功能性，在车身总布置时需要对其位置和反射范围进行准确的作图校核，以保证其安全方面的效用。其次，确定好后视镜的位置后才能考虑其造型因素，从造型方面看，其形态就像动物的两个耳朵，是汽车完整造型中必不可少的一部分，通过后视镜的反射或折射来向使用者传达信息，以保证汽车的行车安全。

2. 汽车后视镜的造型要点

为了和汽车整体造型的设计风格相协调，后视镜一般设计成与车体轮廓线条和表面曲面一致的平滑曲面，可以是长方形、圆形、椭圆形。

4.2.3　汽车翼子板造型设计

翼子板是遮盖车轮的车身外板，因旧式车身该部件形状及位置似鸟翼而得名。按照安装位置又分为前翼子板和后翼子板，前翼子板安装在前轮处，因为发动机形状和结构、前灯的形式及布局、车轮转向和跳动的极限位置，设计者要根据选定的轮胎型号尺寸用"车轮跳动图"来验证翼子板的设计尺寸。后翼子板无车轮转动碰擦的问题，但出于空气动力学的考虑，后翼子板略显拱形弧线向外凸出。

现在有些轿车翼子板已与车身本体成为一个整体，一气呵成（图 4-14）。但也有轿车的翼子板是独立的，尤其是前翼子板，因为前翼子板碰撞机会比较多，独立装配容易整件更换。有些车的前翼子板用有一定弹性的塑性材料（例如塑料）做成。塑性材料具有缓冲性，比较安全。现代轿车的前后翼子板与车身连成一个平滑的曲面，可以有效地提高汽车行驶的空气动力性能。

图 4-14　翼子板与车身本体成为一个整体

此外采用了发动机罩与翼子板平齐的造型方式。为了形成对比，冲压出翼子板切口的突起边缘，也增加了翼子板切口处的刚度，翼子板切口的大小以车轮装拆方便为准。

4.2.4 车门造型设计

车门是车身上的重要部件，通常按开启方式分为：顺开式、逆开式、水平滑移式、折叠式、上掀式、旋转式等。顺开式车门即使在汽车行驶时仍可借气流的压力关上，比较安全，而且便于驾驶员在倒车时向后观察，故被广泛采用。逆开式车门在汽车行驶时若关闭不严就可能被迎面气流冲开，因而用得较少，一般只是为了改善上下车的方便性及适于迎宾礼仪需要的情况下才采用。水平移动式车门的优点是车身侧壁与障碍物距离较小的情况下仍能全部开启。上掀式车门广泛用作轿车及轻型客车的后门，也应用于低矮的汽车。折叠式车门则广泛应用于大中型客车上。

对于大小客车而言，车门是一个非常重要的部件。现代汽车的车门，其作用已经不仅仅是"门"，它是一种标志。以小汽车为例，车门可作为汽车用途的标志，用于公务用途的轿车都是四门，用于家庭用途的轿车既有四门也有三门和五门（后门为掀起式），而用于运动用途的跑车则都是两门。若是大客车，车门可作为衡量客车等级和先进性的标志，例如现代豪华客车门多用外摆式门，普通客车多用折叠式门。

轿车门由门外板、门内板、门窗框、门玻璃导槽、门铰链、门锁及门窗附件等组成。内板装有玻璃升降器、门锁等附件，为了装配牢固，内板局部还要加强。为了增强安全性，外板内侧一般安装了防撞杆。内板与外板通过翻边、粘合、滚焊等方式结合，针对承受力不同，要求外板质量轻而内板刚性强，能够承受较大的冲击力。

4.2.5 车顶盖造型设计

车顶盖通常分为固定式顶盖和敞篷式顶盖两种。固定式顶盖是常见的轿车顶盖形式，属于轮廓尺寸较大的大型覆盖件，是车身整体结构的一部分。它具有刚性强、安全性好的特点，汽车侧翻时起到保护乘员的作用，缺点是固定不变、无通风性，无法享受到阳光及兜风的乐趣。

敞篷式顶盖一般用于档次较高的轿车或跑车上，通过电动和机械传动移动部分或全部顶盖，可以充分享受阳光和空气，体验兜风的乐趣。缺点是机构复杂、安全性和密封性较差。敞篷式顶盖有两种形式，一种称为"硬顶"，可移动顶盖用轻质金属或树脂材料做成；另一种称为"软顶"，顶盖用篷布做成。

目前新型敞篷车多用硬顶形式，例如著名的标致206CC跑车。按动电钮使后行李舱盖向后揭开，顶盖自动折叠并随支柱（车厢后柱）的摆动而向后移动，移至行李舱处降下，降入行李舱内，然后合上行李舱盖，此时整车成为一辆敞篷车。硬顶式敞篷车的各部件之间配合相当精密，整个电控操纵机构比较复杂，但由于采用硬性材料，恢复车厢顶盖后的密封性较好。而软顶敞篷车由篷布及支撑框架构成，将篷布及支撑框架向后折叠就可以获得敞开式车厢。由于篷布质地柔软，折叠起来比较紧凑，整个机构也相对简单，但密封性及耐用性较差。

固定式顶盖和敞篷式顶盖有各自的优缺点，能否去除缺点而保留两者的优点呢？设计师想出了一个折中的办法，在固定顶盖上开窗口，即"天窗"，既可保持固定顶盖的优点，又可在一定程度上获得敞篷效果，两者兼顾，还可增加厢内光线。这种方式受到汽车消费者的欢迎，在20世纪80年代后，开天窗的轿车迅速流行起来。

一般来说，天窗主要由玻璃窗、密封橡胶条和驱动机构组成。开启的形式一般分为外滑板式、内滑板式及倾斜式。外滑板式的玻璃窗在顶盖上面滑动；内滑板式的玻璃窗在顶盖下面与篷顶内饰衬之间滑动；倾斜式的玻璃窗前端或后端向上倾斜呈开启状态。目前多采用后两种形式。

滑板式驱动机构由支架导轨、驱动电动机、减速齿轮器、离合器、钢索带、位置传感器及限位开关构成。整个驱动机构装置在车顶前面，由钢索带动玻璃窗在导轨上移动。当驱动机构工作时，限位开关可检测出玻璃窗全开、全闭、倾斜向上等状态，为防止发生玻璃窗移动时受阻导致电动机超负荷运转，还设置了超载保护离合器。

顶盖天窗设计中最重要的问题是防漏水。天窗内侧应设流水槽和嵌有密封橡胶条的框架，从缝隙漏入的水通过流水槽和排水管流出车外。移动玻璃窗一般为褐色，可反射阳光，内则设有遮阳板，打开遮阳板后光线可射入车厢。

4.3　汽车尾部造型设计

和汽车的"前脸"一样，汽车的后部造型设计也越来越被赋予人性化的设计语言。汽车后部的设计布局更加细致，同样有仿生化的趋势，成为汽车的另一张脸。除了美观，汽车"后脸"设计更以功能化为重。其功能主要集中在照明、进气和出气、安全等方面。以功能区分，前脸部位有远近灯、转向灯、前雾灯等，后脸部位有制动灯、停车灯、后雾灯、示廓灯、转向灯等，如果加以流行的改装，功能就更加丰富。进气和出气部位目的就是为了提高汽车的动力。散热水箱格栅更是不可缺少的部位，其设计成为近年来的一大亮点。

汽车的尾部必须呼应头部的造型设计，在轮廓线条上基本一致（图4-15和图4-16），与车体造型协调一致。

图4-15　汽车的尾部呼应头部的造型设计（一）

图4-16　汽车的尾部呼应头部的造型设计（二）

汽车尾部造型主要包括：汽车尾灯造型设计、汽车行李箱造型设计以及汽车阻风板、扰流板及导流板造型设计等。

4.3.1　汽车尾灯造型设计

尾灯不但起着保证车辆行驶安全的作用，同时一款设计出色的尾灯同样会使人心旷神怡，为整车设计划上一个精彩的句号。现在轿车的尾灯造型已不仅具有装饰性，还完美地融入了车身造型，成为车身造型的延长部分。

1. 汽车尾灯的功能

汽车尾灯一般分为三组，通过不同颜色的灯具来保证车辆行驶安全有序：一组红灯表示刹车；一组黄灯表示转向；一组白灯表示倒车。虽然尾灯造型的风格各异，但目的都是为了满足其基本功能的实现，不同的造型风格来表达不同的功能语义。

2. 汽车尾灯的造型要点

尾灯的造型要点类似于前大灯，灯表面的曲面变化也是和整车造型曲面相辅相成的。现代尾灯的造型趋向于在连续的转折曲面上直接勾勒出尾灯的形状，有的是方形的，有的是圆形的，有的几组灯具组合在一起（图4-17），有的独立分布（图4-18）。不管是什么形状或者怎样分布的灯具，它们的造型都与整个车体协调一致，和谐地融为一体。

图4-17　几组灯具组合在一起

图4-18　几组灯具独立分布

汽车后制动灯必须鲜明，设计不好，易发生追尾事故。长方形红灯的可见度比圆形和三角形红灯可见度更佳，汽车尾部制动灯最合理的是采用大面积的长方形灯，如图4-19所示是奥迪A6后灯，整灯的造型就是方形。20世纪50年代采用圆形和三角形灯较多，那时对该现象还未发现。

图4-19　方形奥迪A6后灯

4.3.2　汽车行李箱造型设计

行李箱盖要求有良好的刚性，结构上基本与发动机盖相同，也有外板和内板，内板有加强筋。一些被称为"二厢半"的轿车，其行李箱向上延伸，包括后挡风玻璃在内，使开启面积增加，形成一个门，因此又称为背门，这样既能保持三厢车的形状又能够方便存放物品。如果采用背门形式，背门板内侧要嵌装橡胶密封条，围绕一圈以防水防尘。行李箱盖开启的支撑件一般用勾形铰链及四连杆铰链，铰链装有平衡弹簧，使启闭箱盖省力，并可自动固定在打开位置，便于提取物品。

4.3.3　汽车阻风板、扰流板及导流板造型设计

位于汽车下部的翼形部件称为阻风板；位于顶盖后端和行李箱盖上的称为扰流板；位于前围外盖板两侧的"鱼腮"和在顶盖板上的倒流装置称为导流板（图4-20和图4-21）。阻风板起稳定气流的作用，故又称为"气流稳定器"。后扰流板起分流作用，有的起减少涡流作用。后扰流板的功能除了减少正面迎风阻力外，主要起控制升力的作用。

图4-20　汽车尾部导流板（一）

图4-21　汽车尾部导流板（二）

4.4　主要国家汽车造型分析

汽车的诞生、基本技术的进步和完善都发生在国外，与此相应的深厚的汽车文化沉淀也如此。

4.4.1　日本汽车造型分析

日本和中国同属于东方民族，很多方面的取向都相同或者类似，这些也是日系车型在中国如此受欢迎的原因之一，所以分析日本家用车造型的特点对探索中国汽车造型的出路有很大的借鉴作用。

日本地域狭小，人们非常注重空间的高效率利用，因此日本的消费环境非常鼓励微型和小型汽车的使用，同时还以高的税费限制高级轿车的使用，因此很多年轻家庭都选择微型车作为家庭用车，倒是很多老年人才有财力使用中高级轿车。如图4-22和图4-23所示为日本丰田轿车和越野车。

图4-22　日本丰田轿车

图4-23　日本丰田越野车

同时它们的实用性更是一绝，在很多微小型车里至少都有数十个储物空间，不管是日常交通需要

还是购物出游，都非常方便。这类车的开发往往是针对一些特别的消费群体，如家庭主妇、个性的年轻人等。

4.4.2 欧洲汽车造型分析

欧洲历史悠久，文化艺术沉淀极为深厚，浓厚的人文氛围渗透到了欧洲人生活的每一个细节。欧洲人不仅仅发明创造了汽车，更是以超常的才智把汽车发展到了极致。

现代化和高度文明在欧洲不仅仅表现为汽车设计制造的高水平，更表现为对待汽车的冷静、理性和发展的眼光。相对而言，欧洲人更趋向于把汽车作为玩味艺术、科技的载体或者作为享受生活的工具，因此欧洲的家庭用车大多是实用的 A 级车。

欧洲的 A 级车造型设计像欧洲大陆给人的感觉一样文雅优美，无论是德国的严谨之作，还是意大利的激情洋溢，或者法国的浪漫婉转，都深含着悠久的文化韵味，非常耐人品味。一方面它尺寸紧凑，可以在街道内自由穿梭，满足日常生活需要；另一方面它并不寒酸小气，在高速公路上一样驰骋奔腾，可以带着你从一个国家到另一个国家去享受恬美的欧陆田园；同时它全面优异的扩展性能可以带上你的山地自行车和滑雪板甚至房车去运动去野营……它的的确确堪称是一个在实用性和功能性上取得极佳平衡的设计。

例如国内的捷达、宝来、高尔夫，就是欧洲经典 A 级车的代表作，它们的造型设计非常含蓄，但却并不简单，无论是曲面的控制还是尺度比例的运用，无一不透露出优雅内敛的欧洲艺术气质。

4.4.3 美国汽车造型分析

发达的高速公路网络、低廉的汽油价格、丰富的汽车旅馆和汽车影院、容量动辄高达数千台汽车的停车场……这些都是美国汽车留给人们的印象。

而在这些表象之后反映出的是自由的移动对于美国人的重要意义。美国地域宽广、资源丰富，民族意识崇尚自由开放，汽车则成为这种国家和民族特色的延伸。另外美国的国家自我主义和一定程度上的扩张倾向也在美国汽车上体现出来。因此美国家庭用车尺寸更为宽大，动力更为强劲，也比较注重舒适性，典型代表就是 Accord（雅阁）、Camry（佳美）这样的 B 级轿车。如图 4-24 所示的林肯加长车就是美国车的典型代表。

图 4-24　美国林肯加长车

美国汽车文化中的另一大特色就是 Pickup 车的备受推崇，连续数十年 Pickup 车销售量远远高于轿车就是证明。由于国家幅员辽阔，人均收入居于世界前列，且汽油价格远远低于欧洲和日本。加上豪放不羁的性格，这些都造就了美国人喜好大排量，尤其钟爱皮卡与 SUV 的市场特色。

后来在 Pickup 基础上发展起来的美国式 SUV 继续受宠也说明了这一点。这些特有的现象也都是和美国多元化的人口表现出来的强大接纳性相吻合的。因此一部分美国家庭也会选择 Pickup 或者 SUV 作为家庭用车。

4.5　主流汽车外部造型风格的比较研究

4.5.1　车身侧面造型风格的比较研究

无论是法国车、德国车、日本车还是美国车，它们各自的车身造型都深深地反映出各自的造型风格，如图 4-25 所示为美国、德国、日本典型汽车车身侧线和面处理关系的比较。

（a）美国车

（b）德国车

（c）德国车

（d）日本车

图 4-25　美国、德国、日本典型汽车车身侧线和面处理关系的比较图

美国车身造型突出的特点是线条硬朗、干净利落。在 20 世纪 80 年代，典型的美国车是又宽又矮的长盒子形象，而现在的车身造型虽然增加了现代感，但依旧保持了有棱有角的传统风格，即使是比较流线的车身造型，在其车身侧面腰线、面与面的交接位置也会出现明显的棱线。另外在美国车上很难见到欧洲广泛采用的凹弧设计，车身整体都是向外鼓起，显得饱满，这样使整车显得厚重、刚劲有力。

法国全部车系的特征都非常统一，外形动感时尚，充满活力，散发着法兰西的浪漫风情。线条饱满圆润，同时具有力度大、跨度大、弧度大的特点，具有很好的张力，整体感强，形象鲜明，线条简练、富于变化，很多车都有特别微妙的转折棱，但并不显得突兀。整体线条感觉比较灵活，柔中带刚，见棱而不见角。衔接处处理柔和，但也不缺乏硬朗的棱线。车身侧面线条具有张力，充满动感又具有向前冲的气势。法国车身表面具有锋利的棱线，体现现代的简约几何曲面风格。线条流畅而又突破了传统的流线美感，更加具有时代气息。法国车侧线多数比较平滑，一通到底，与前后轮框相连成一体，前面稍低，腰线非常平直，从前轮拱贯穿两个门直到后尾灯，使得车身线条干净整洁，毫无拖泥带水的感觉，并将车身前部稍低而尾部稍高的趋势贯穿起来。

德国汽车造型风格的显著特点是稳重大气。车身侧面的特征线都是接近水平的线条，车顶也是较平缓的曲线，整车显得非常沉稳，而且腰线较高，车身侧面很整而且较平，使车显得十分厚重。德国各汽车公司的车型在造型语言上又各有自己的特点。宝马7系在侧面有一条水平的棱线，后备箱是独特的鸭尾设计，箱盖与翼子板不是一个平滑的曲面连接。奥迪A8独特的后三角窗设计是比较独特的，其侧面腰线一直向前向后延伸并且与车灯的分型线和保险杠分型线一起形成一个环形，成为侧面的主要特征，并且形成了新一代奥迪车型的一个共同的造型语言。奔驰S级相对显得年轻和动感，腰线是一条很有张力的弧线，从前大灯一直延伸到尾灯，后门分型线也是一条曲折的弧线。大众辉腾除了具有德国其他汽车公司产品的一些造型语言外，又具有大众公司自身的特点，整个车身比较饱满，不同曲面过渡比较圆滑。

日本汽车造型风格具有简洁的整体、精致的细节这个特点。大体来说，没有过多的噱头，基本上车身几条微妙的主线就确定了整车的基调。车身侧面的腰线基本上是连续流畅的线条，前脸及尾部的型线和分型线等也都十分流畅，并且连续相接，整车的线和面在总体感觉上浑然一体，给人一种流畅的速度感以及顺滑的感觉。

4.5.2　车身正面及后面造型的比较研究

美国、日本、法国典型汽车车身正面线和面处理关系的比较如图4-26所示。法国车前脸的造型特点是大灯形状多以猫眼状、水滴形或多棱线为主，大灯形状正面看扁平居多，进气栅格一般与大灯直接相连，开口式样比较大，进气栅格中间用汽车标志分割开来，标志一般在进气栅格正中，既有分割作用又可以吸引观众的目光，如雷诺、标志的车型。保险杠一般较大而且整体。法国车尾部的整体特点是加大后挡风玻璃的比例，比较新的设计概念是后窗与车顶大的天窗相连，力求大视野。富于变化的后车灯造型独特并且所占比例较大，以此突出其灵动的造型特点。

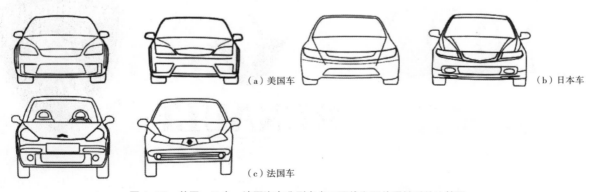

（a）美国车　（b）日本车　（c）法国车

图4-26　美国、日本、法国汽车典型车身正面线和面处理关系的比较图

日本汽车对车身的头部和尾部如进气口、前大灯、尾灯、后视镜等细节的处理都比较平顺、流畅，没有突然的变化，面与线的衔接处理手法比较传统。

美国汽车具有相似的前脸布局与前大灯造型，传统的前进气格栅：倒梯形、三横幅式。其中梯形元素在车身前脸的结构上被广泛应用。发动机盖与前翼子板转折很突然，交接处一般有一条较硬的棱线，从前灯延续到 A 柱，使全车显得硬朗有力，这应该是美国轿车一个很显著的共同特点，而这条硬棱线也与车身笔直的侧腰线相匹配，带来力量感与速度感的完美统一。美国汽车尾部一般拥有经典的三角形尾灯。有些如 Chrysler Charger 已经演变成梯形，这种大体积有整体感的尾灯造型是很有特色的。

4.6　汽车标志的设计

汽车车标主要分为平面车标和立体车标两种。

4.6.1　平面标志

（1）以品牌英文名首字母或简写作为汽车标志，举例：雷克萨斯的"L"、大众的"VW"、中国一汽（图 4-27）。

（2）以品牌英文的全称作为汽车标志，如：起亚（图 4-28）、福特。

图 4-27　一汽和大众的标志　　　　　　　　　　　　图 4-28　起亚标志

（3）以抽象图形或图案作为汽车标志。如：奥迪的四环（图 4-29）、雷诺的菱形（图 4-30）、凯迪拉克的盾形徽标。

（4）以象征物件作为车标，如玛莎拉蒂的海神叉、兰博基尼的牛（图 4-31）、别克的三颗子弹（图 4-32）。

图 4-29　奥迪的四环　　　　　　　图 4-30　雷诺的菱形　　　　　　图 4-31　兰博基尼的牛

（5）综合性的车标（由以上四种模式中的任意几项结合的车标）。如宝马的公司名加上蓝白相间的格子（图 4-33）。

（6）借鉴型车标。如保时捷的车标是斯图加特的城徽、阿尔法·罗密欧的车标是米兰的城徽。

图 4-32 别克的三颗子弹

图 4-33 宝马汽车标志

4.6.2 立体标志

（1）平面型的立体车标（立体车标只能从一个方向看，甚至可称为"立起来的平面车标"），如迈巴赫的"双 M"立体标志、奔驰的"三叉星"立体标志。

（2）雕像型的立体车标（立体车标可以从各个方向看，犹如一尊雕像）。如劳斯莱斯的"飞天女神"立体标志（图 4-34）、捷豹的"美洲豹"立体标志（图 4-35）。

图 4-34 劳斯莱斯的"飞天女神"立体标志

图 4-35 捷豹的"美洲豹"立体标志

立体标志制作成本较高，同时在车辆不慎撞击行人时也会带给行人不必要的损伤，所以现在众多汽车公司已经放弃了立体标志。

思考题

1. 举例分析说明汽车外部造型设计主要包括哪几个方面并阐述其意义。

2. 举例说明主要汽车外形风格流派的特点并进行比较分析。

第5章
Chapter5

汽车内部造型设计

　　汽车内饰系统是汽车车身的重要组成部分，而且内饰系统的设计工作量占到汽车造型设计工作量的 60% 以上，远超过汽车外形，是车身最重要的部分之一。汽车内饰包括仪表板、车门内饰、车顶内饰、柱内饰、侧围内饰等内部覆盖件，广义的还包括方向盘、汽车座椅、地板垫等内部功能件。如图 5-1 所示为某汽车内饰设计方案。从造型设计角度来讲，在整车设计中，内饰设计所占比率约一半以上。因为相对于外形而言，内饰设计所涉及的组成部分相对繁多。从近几年的发展趋势来看，内饰设计国际流行的趋势是越来越趋向于数字化和高科技，造型方面趋于简洁、工整，更加注重多种材质的应用、搭配。数码时代的来临，具有高科技成分的数字产品（如数字通信产品、视频音像品）的广泛应用极大地影响了汽车设计趋势，产品设计的风格开始引导并影响汽车整车的设计风格。许多概念车的内饰设计元素（如按钮 / 按键、显示部分、背光设计等）都很像一些家电产品、计算机产品和通信产品。如图 5-2 所示为林肯加长版豪华车内饰摄影图。

图 5-1　某汽车内饰设计方案

图 5-2　林肯加长版豪华车内饰摄影图

　　汽车内部造型与外形造型有很大的不同：外形主要突出视觉效果，是供人观赏的；而车内部环境却直接与人的身心感受密切相关。由于汽车内部是人们驾驶和乘坐的空间，因此内部造型必须应用人机工程学的相关知识来进行设计，体现以人为本的设计原则，同时也要强调内部造型的美观和与车身整体造型效果的协调性。如图 5-3 所示为福特汽车内饰设计。

图 5-3　福特汽车内饰设计

5.1　仪表板总成造型设计

　　仪表板总成似一扇窗户，随时反映出车子内部机器的运行状态，同时它又是部分设备的控制中心和被装饰的对象，是轿车车厢内最引人注目的部件。可以这样说，仪表板总成既有技术的功能又有艺术的功能，它反映出各国轿车制作工艺和风格上的差异，是整车的代表作之一。如图 5-4 所示是某汽车仪表板的设计。

　　现代轿车的仪表板总成一般分成两部分：一部分是指方向盘前的主仪表板总成，另一部分是指司机旁通道上的副仪表板总成。其中仪表板是安装指示器的主体，集中了全车的监察仪表，通过它们揭示出发动机的转速、油压、水温和燃油的储量、灯光和发电机的工作状态、车辆的现时速度和里程积累。有些仪表还设有变速挡位指示、计时钟、环境温度表、路面倾

图 5-4　某汽车仪表板的设计

斜表和地面高度表等。按照现时流行的款式，现代轿车多数将空调、音响等设备的控制部件安装在副仪表板上，以方便驾驶者的操作，同时也显得整车布局紧凑合理。

5.1.1　汽车的主仪表板总成造型设计

　　主仪表板总成（图 5-5）的基本构成包括仪表板本体、仪表面罩板、中控面板、手套箱、出风口、杯托等。

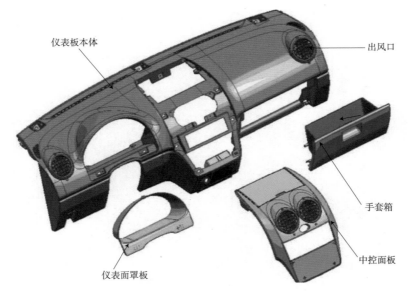

图 5-5　汽车的主仪表板总成

　　主仪表板总成在车厢里处于中心的位置，非常引人注目，它的任何瑕点都会令人感到浑身不舒服，因此汽车制造商非常重视轿车主仪表板总成的制作水平，从制作工艺上可以表现出制造公司的设计与工艺水平，从装饰风格上可以表现出这个国家或地区的文化传统。一款成功的轿车主仪表板总成，既要融入轿车的整体，体现出它是轿车不可分割的一部分；又要体现出轿车的个性，使人看到仪表板就会想到车子的形象。正因为如此，轿车仪表板总成的装饰材料是比较讲究的。

　　主仪表板总成结构示意图如图 5-6 所示。

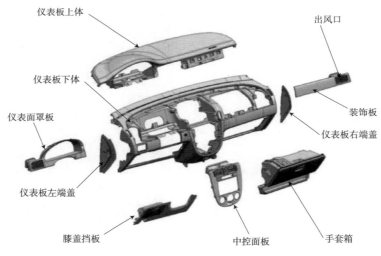

图 5-6　主仪表板总成结构示意图

1. 仪表板的本体结构成型方法

（1）一体注塑成型塑料仪表板本体。

　　这种结构普通车采用较多，其质量小、设计的自由度大、工艺简单、易对冲击时的能量吸收采取对策。使用的塑料为 PP 复合材料、ASG 及改性 PPO 等。可用钣金加强梁支撑，也可以不用。

　　（2）发泡成型仪表板本体。

这种结构主要是从安全吸能上考虑，也给人一种柔软的感觉，主要用于高档轿车。由骨架、发泡层、表皮等组成。骨架用钢板、塑料注塑件、纤维板、硬纸板等制成。表皮用 ABS 与 PVC 符合膜吸塑成型或用搪塑成型，起软化作用的发泡层多用聚氨酯材料。

2. 主仪表板上的安装件

仪表板上安件甚多，除仪表、操作件外，还有收放机或 CD 机等电气件、杂物箱、烟灰缸、通风口等，不少车还安装有 GPS 卫星导航系统等。如图 5-7 所示为某汽车内饰系列安装件。

图 5-7　某汽车内饰系列安装件

（1）仪表板本体。

硬质仪表板：直接注塑成型，喷漆，常用于货车、客车和经济型轿车。

软质仪表板：带泡沫层，由本体骨架、中间层泡沫、表皮构成。

（2）仪表面罩板。

它是位于仪表处、遮盖仪表安装结构的饰板，主要功能：装饰，遮盖螺钉头和维修间隙；链接，卡扣固定于仪表板本体上。

（3）中控面板。

中控面板是位于仪表板中央区域、遮盖电子或空调零件安装结构的饰板。主要功能：装饰和链接，卡扣固定于仪表板本体上。

（4）手套箱。

手套箱位于仪表板驾驶员一侧的中下位，作用是存放物品和对乘员膝部的保护作用。组成主要包括手套箱门、箱体、手套箱附件。

从结构上划分，有装在仪表板上的折斗式和整体开闭的箱筒式两种形式，两种形式大都采用塑料成型结构（PP、ABS 等），也有在折斗式杂物箱外表面覆盖衬垫材料的形式。在结构方面，碰撞时，即使乘员与杂物箱发生二次碰撞，也不应使乘员受到伤害，并且即使周边变形、损坏，杂物箱也不应自行打开；车辆碰撞时会产生惯性力，仅在此惯性力的作用下杂物箱不应打开，杂物箱应有锁机构。铰链可用折页式、拉出臂式，注塑仪表板多为直接注出薄膜式的铰链。

（5）杯托。

杯托布置位置主要在主副仪表板上或座椅一边。直径大于 75mm，深度 53mm。杯托的主要打开方式包括开放式、按压式、可移动式，如图 5-8 ~ 图 5-10 所示。

图 5-8　可移动式杯托

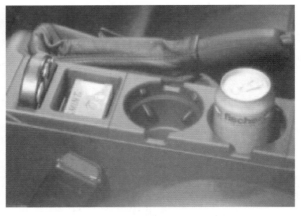

图 5-9　开放式杯托

图 5-10　按压式杯托

（6）烟灰缸。

烟灰缸设计要求使用方便，有一定的容量，不允许烟灰飞散或掉出，以避免发生火灾。在驾驶员座位附件布置时，要注意不与各种驾驶操纵发生干涉。烟灰缸多用酚醛系列或尿素系列的耐热性好的树脂制造。熄火栅盒表面装饰板做成一体，以保证装配精度。固定部分多以钢板冲压制造。烟灰缸用钢板制造时，要装用聚酰胺等有润滑性的树脂做导轨，或者使用钢球，以便于开闭和减少噪声。

现在的轿车一般都采用阻尼式烟灰缸，里面装有点烟器，内置烟缸（可取出）。阻尼式烟灰缸具有开启关闭方便、噪声小、寿命长等优点，已广泛应用。

烟灰缸布置位置在主副仪表板上。烟灰缸的主要打开方式包括揭盖式、抽屉式和按压开启式，如图 5-11 ~图 5-14 所示。

图 5-11　揭盖式烟灰缸

图 5-12　抽屉式烟灰缸

（7）出风口。

出风口是调节空调系统吹往车内的风流方向的零件。出风口组成主要包括前导风叶片、后导风叶片、出风口座、风门叶片、旋钮开关。

图 5-13　按压开启式烟灰缸（未压前）　　　　　图 5-14　按压开启式烟灰缸（按压后）

外部气流导入车内的方法有两种：一种是靠行驶后的动压导流，另一种是靠鼓风机进行强制导流。动压导流是通过车身上部的开口将外部气流导入车身的上部，通过前围孔进入导风管，经仪表板吹入车室内；强制导流是通过鼓风机把外部气流通过车身下面的孔吸入车内，经通风管由仪表板进风口吹进室内。通风口的设计必须考虑大小、位置、方向、数量等。

露在外面的通风格栅有多个，前部有暖风出风格栅（前风挡除霜），后部有暖风和冷气出口，侧面有吹门窗的出口（侧窗除霜），下部有暖风吹脚风口。向后的暖风和冷气出口格栅是应能改变出风角度的，多采用球座型或叶片可上下左右拨动的形式。如图 5-15 所示为奔驰汽车内饰的出风口设计。

图 5-15　奔驰汽车内饰的出风口设计

5.1.2　汽车的副仪表板总成造型设计

副仪表板总成是位于驾驶员旁侧的内饰零件。基本构成主要包括副仪表板本体、装饰面板和杯托。副仪表板总成原是轿车上的一个简单部件，主要是遮挡安装在地板通道上的换档杆和制动手柄，后来发展成大型部件，构成仪表板的一部分，将开关、收音机、立体音响、空调控制器、小件物品存放盒等布置其其上。后部为后座位扶手使用的带盖的杂物箱，有的车进而将后座用烟灰盒、开关、出风口等安装在其后端。如图 5-16 所示为奔驰豪华汽车的副仪表板设计。

副仪表板有布置在左右前座椅中间或与仪表板连接在一起两种形式。近年来，为了给驾驶员提供驾驶信息和实现操纵自动化，增加了不少显示和操纵仪表，加之为确保驾驶员有良好的视认性和方便性，这些仪表等机能部件都布置在驾驶员的周围。这样，原来的仪表板在驾驶员的这一边就布置不下了。如果将其向助手座一侧的仪表板方向发展，则驾驶员的视认性就会变坏。于是，便逐渐地将副仪

图 5-16 奔驰豪华汽车的副仪表板设计

表板位置转移到驾驶员近旁的变速杆附近。有的车已经与仪表板连成一体。另外，即使是一种车型，由于机械变速器和自动变速器的差异，以及选装件有无的不同，副仪表板也有多种类型的装备。

副仪表板使用的材料有 PP、ABS 等，有时为了显示豪华感，表面进行软化处理。作为软化结构的副仪表板，其骨架一般为钢板或塑料，表皮为 PVC，两者之间为发泡聚氨酯，也有直接包贴 PVC 表皮的。如图 5-17 所示为副仪表板总成结构图。

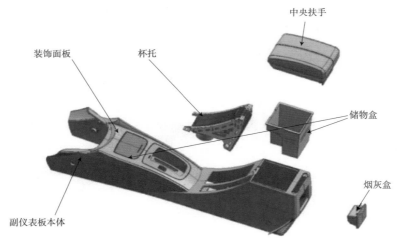

图 5-17 副仪表板总成结构图

5.1.3 仪表板总成人机界面设计

仪表板总成是汽车内饰开发的核心部件，其开发好坏决定着项目开发的成败。一个设计优良的仪表板要求外观简洁大方，按钮布置协调，操纵简单便捷，整个仪表板既具有整体性，又功能划分清晰。

仪表板总成是汽车内饰设计中结构和制造工艺最复杂的组件之一。车上的各种驾驶仪表、控制开关、娱乐系统、安全气囊、空调等附件通常都安装在其上面。而且，仪表板位于车厢最前端，直接面对车内乘员，其舒适性、造型、质感决定了驾乘人员对内饰的评价程度，因此它是内饰开发的核心部件。如图 5-18 所示为福特仪表板总成人机界面设计。

图 5-18 福特仪表板总成人机界面设计

仪表板总成包含很多零件，按照与驾乘人员的人机交互关系分为以下 4 类：

（1）视觉交互界面：组合仪表、车载导航系统、娱乐信息系统、驾驶员信息中心系统、时钟。

（2）触觉交互界面：空调控制系统、出风口调节开关、操作面板、开关、音响控制系统、除霜器、除雾器、手套箱、左盖板、储物盒、驾驶员侧手套箱、金属加强件、烟灰盒、点烟器、杯托等功能性零件。如图 5-19 所示为奥迪汽车内饰触觉交互界面。

图 5-19　奥迪汽车内饰触觉交互界面

（3）感觉交互界面：风道或风管、出风口。

（4）听觉交互界面：扬声器，部分高档汽车设计有手机对讲系统。

5.1.4　仪表盘的分布方式、造型要点和性能要求

1. 仪表盘的分布方式

仪表盘主要分布于驾驶控制区，呈现环绕方向盘式和分块模式两种布局方式。

（1）环绕方向盘式的布局方式。

其造型特点是主仪表区和中控区紧密联系在一起，如图 5-20 所示，主仪表和空调、音响、制动手柄等操控区呈围绕方向盘的环抱式布局，体现了良好的操控性和人机协调性。这种设计可塑性强，突出了以驾驶员为主的驾驶氛围。

（2）分块模式的方向盘布局方式。

其造型特点是主仪表区和中控区分离开来，如图 5-21 所示，主仪表和空调、音响、制动手柄等操控区分成左右两个部分，各个功能区域划分明显，操作起来井然有序。

2. 仪表盘的造型要点

（1）主次分明，功能醒目。仪表盘的造型要以表现功能件的功能为目标，突出鲜明的主题，要简洁醒目，避免或减少使用过多的装饰，为驾驶者营造一个直观、方便的驾驶环境，如图 5-22 所示。

（2）保持整体感。仪表盘上安装的仪表和各种器件大都来自不同的厂商，设计时要保证各不同厂商器件的颜色、质感、纹理的统一，形成一个和谐的整体。

图 5-20　环绕方向盘式的布局方式

图 5-21　分块模式的方向盘布局方式

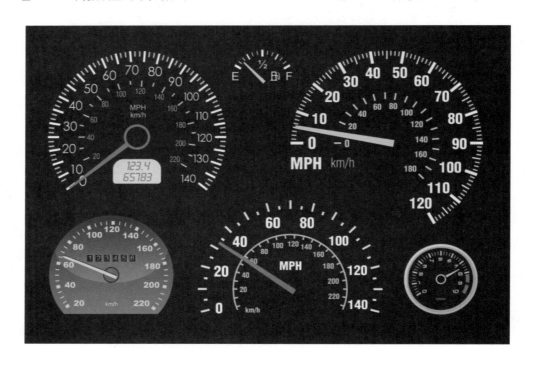

图 5-22　仪表盘的造型主次分明，功能醒目

（3）操作舒适性。由于受人体运动力学条件的限制，长时间的操作易使驾驶员产生疲劳感，所以设计时仪表盘位于使驾驶员方便操作的位置。

（4）安全性。仪表盘造型要尽量避免凸出的棱角，营造一种安全、舒适的氛围，体现汽车的亲切感。

（5）统一性。仪表盘要与整个汽车内部造型统一，它的造型与整车形体具有一定的延续关系。

从以上汽车的造型内容来看，汽车是一种较为复杂而又内涵丰富的产品，汽车造型虽然受到审美、工程、材料、工艺等诸多因素的制约，却仍然不失为一项极具创造性的工作。汽车也因为设计师丰富的想象力、伟大的创造力和不懈的努力而具有了"灵魂"。如图 5-23 所示为几个品牌组合仪表整体外观的比较。

丰田Yaris　　斯柯达Fabia　　菲亚特Punt　　雷诺Clio　　本田Jazz　　标致207

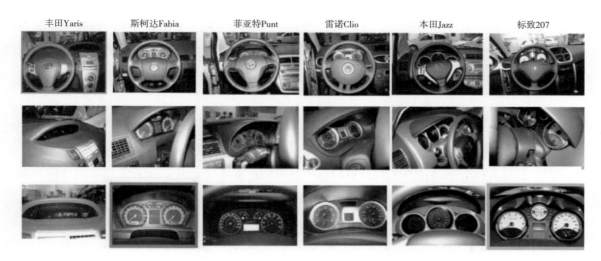

图 5-23　几个品牌组合仪表整体外观的比较

3. 仪表板设计的性能要求

（1）汽车的视野性。

1）汽车仪表的可视范围（对驾驶员的双眼而言）应全部得到满足，不得被方向盘遮挡。

2）驾驶员观察仪表的视角（即通过仪表平面的中心点和眼椭圆中心点的连线与仪表平面的夹角）应尽可能接近 90° 的要求，同时也要尽可能使驾驶员的视线处于最佳下视角（30°）范围内。

3）仪表板的目视距离，可参考美国 Henry Dreyfus 的推荐值，即最大视距为 711mm，最佳视距为 550mm。在实际布置时，上述各参数的确定并不是孤立的，需要通过综合平衡，进行协调之后来确定。

4）汽车标准对各类汽车的盲区都有规定，对汽车的下视角也有一定的要求，为此仪表板整体布局时，在确定仪表位置及仪表罩高度时应保证其不得越过下视角的边界线。

（2）防止仪表盘玻璃和仪表罩的反光。

光线来自前风挡玻璃及侧窗玻璃，照射到仪表盘、仪表罩框、风窗玻璃及门窗支柱上，然后再反射出来。为此，在确定仪表位置及其框罩时，要校核光线的入射角，以避免反射光线与眼椭圆相交，造成驾驶员的炫目现象。

某些汽车，特别是一些轿车的仪表板，设计师想要赋予仪表板一些华贵感，会采用若干镀铬件。但是镀铬件过于耀眼的亮线、亮点会分散驾驶员的视力，甚至使驾驶员炫目，影响驾驶的安全性，因此一定要特别谨慎。近代新型仪表板的设计思想已完全由人机工程学引领。因此，仪表板的装饰性必须服从于实用性。

（3）操作件的可及范围。

按 1975 年颁布的 ISO3958《道路汽车—轿车—驾驶员手控作用区》中规定的方法，可绘制出各种工况时男、女驾驶员的手动范围。该规范是目前许多国家行之有效的方法。

（4）操作件按重要度配置。

汽车各种控制开关的位置按人机工程学的要求，应尽可能安排在方便够到之处。所以，近代新型轿车的控制开关已形成了围绕方向盘周围的"卫星式"操作系统。

日本有关法规规定，各种灯光及刮水器等控制开关应布置在以方向盘中心为原点的左右各 500mm 的范围内。

汽车用的控制开关有多种形式，如旋转选位开关、肘节式开关、手推式开关、翘板式开关等。其中以手推式开关（键盘式开关）为最流行的开关，它操作迅速、准确，而且按钮的造型可设计成缓冲垫式，既美观，又可保证驾驶员的安全。

5.1.5　汽车内饰和仪表的设计流程

1. 内饰设计流程概述

随着我国汽车工业的发展，汽车制造商们越来越重视汽车车型的开发，其中汽车内饰的开发是仅次于车身的一项重要的开发内容，它除了有反映汽车内部空间的功能外，还要满足感觉的舒适、视觉的美观、操纵的方便等要求。

一个整车的内饰设计项目，首要的是设计效果图（图 5-24）。效果图除了要美观，风格要和车身相衬外，还必须满足各种功能要求，选配的附件尽量采用现有的，并且尽量不要改变尺寸，各种功能件的位置要符合整车布置和人机工程的要求。一般要设计 3 ~ 5 个效果图提供选择，从中选择一个或综合几个效果图重新制作一个。

接下来根据平面效果图制作油泥模型（图 5-25）和数据模型，数据模型是运用逆向技术在油泥模型的基础上建立的。有时也可以直接在三维设计软件中构建数据模型，以减少设计成本。在制作模型过程中必须进行人机工程校核，满足各项法规要求和其他功能的要求，满足各个选配附件的大小和位置要求，除此之外，还要进行结构分块，考虑各部件的制造工艺和材料。满足这些条件后，还要考察模型的表面光顺性，一般外表面都必须达到 A 级曲面。完成数据模型后，可以渲染多个角度的效果图与平面效果图对比，并进行修改，以达到最佳的视觉效果。

图 5-24　内饰设计效果图

图 5-25　内饰设计油泥模型

以上只是一个没有结构的外表面模型，接下来的任务就是各个部件的结构设计。而为了更为直观地检验安装效果，我们通常需要在完成简易安装结构后制作手板样件。手板样件的制作和试安装除了检验安装效果和误差外，还能优化结构设计和检验部件的制造工艺。

结构设计是一个比较繁杂的工作，需要的周期也是最长的。一般需要注意的问题有：部件的制造工艺性、结构的强度、安装工艺性、部件之间的装配间隙、干涉检查、运动校核和装配顺序等。这项工作是持续改进，逐步优化的过程。为了进行各项工艺检查，我们除了检验数据模型外，还要对一些结构比较复杂的部件做第二次手板样件，以确保安装效果和制造工艺。

在模具制造过程中，设计人员还应该及时发现问题和优化数据模型，只有到试制样件装车，状态达到预期的效果后，并做项目总结，这样一个成功的内饰项目才告结束。

在整个设计项目中，一般通过各个过程的同步协作来缩短开发周期，比如模具前期加工可以在最终数模确定前进行，并保留足够的加工余量。

2. 仪表板开发设计流程

仪表板位于车室的最前部，面积很大，且总是展现在人的视野里，故其对造型的影响起到举足轻重的作用。仪表板的外面装有仪表和各类操纵件，里面装有空调等各类车身附件，对空间和结构的要求都很复杂，在设计中应特别精心。

仪表板的主要开发流程为：总布置设计→绘制效果图→制作1：1油泥模型→A面的设计→结构设计→模具设计制造→样件→装车匹配→注塑件皮纹制作→小批量生产→SOP。

从总布置设计到结构设计完成大约需要8 ~ 10个月，模具设计制造大约需要4 ~ 6个月。

在开发过程中需要注意如下问题。

（1）颜色皮纹的确认。颜色皮纹的确认一般应在模具设计制造前完成，但根据模具类型的不同可以适当调整，如注塑件的皮纹可以延迟到装车匹配完成前确认，颜色的确认可以延迟到小批量生产前最终确定。

（2）国家强检项目的满足。主要是除霜的要求、前方视野的要求和燃烧特性要求。

（3）人机工程学。主要是仪表板上各种开关件及杂物盒、点烟器等的布置要尽量满足人机工程学的要求，既要美观，又要方便使用。

（4）运动件的运动校核，主要是手套箱、烟灰缸、前机盖拉手等的运动校核。

（5）和周边零件配合的校核，主要是和电气件的配合。

5.2 座椅造型设计

汽车座椅（图5-26）是车内和乘员最直接的接触体，汽车座椅和其他家用、公用座椅的基本功能是一样的，只不过在车这一特定的环境下，附加了许多额外的功能，座椅可前后、上下调节，靠背角度可前倾、后倾，座椅可360°旋转，后座椅可以折叠、翻转，头枕可以上下、前后调节，还可以装备DVD显示屏等，因此座椅作为整车的一部分，正发挥着越来越大的作用，所以座椅布置和设计的好坏将直接影响到乘客的乘坐舒适性。如图5-27所示的"5+2式的座椅"设计第二排座椅和第三排座椅都不必从车上拆去，便可以腾出额外的行李空间。第二排的三个座椅与第三排的两个座椅可以单独折叠和收放，可以形成多种可能的座椅组合。

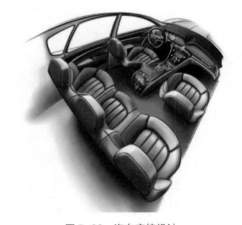

图5-26 汽车座椅设计

图 5-27　5+2 式的座椅

5.2.1　车座造型的功能要求及造型要点

1. 车座的功能

车座的功能主要是支撑人体并保证人有稳定的坐姿，确保驾驶途中乘员的舒适与安全。车座的大小根据人体的尺寸而定，不同的车座大小基本一致，只是在外观及感觉上有所不同，有的表面曲面较优美，有的表面曲面较呆板，有的较轻薄，有的较厚实。虽然造型特点不同，但是它们与各自汽车车体的造型风格相协调，构成汽车整体造型中和谐统一的一部分。

2. 车座造型的基本要求

为了达到车座的舒适性及稳定性，对车座的设计必须依据人机工程学原理，使车座的造型适应腰部曲线；靠背具有准确的支撑点；正确分布体压；保持人体躯干与大腿的舒适夹角。

3. 车座的造型要点

首先，车座造型必须从整个内部造型的构思出发，所追求的造型效果是车厢内部环境的整体感。为此，就要从形体处理方法、材料质感和色彩基调三个方面去寻求连续、呼应和统一。其次，车座的造型必须以人机工程要求为依据，以曲面、支撑点为造型出发点。不管是什么材质什么造型的车座，都是以保证乘客坐姿的稳定性和舒适性为造型出发点的。

5.2.2　汽车座椅的基本分类和组成

轿车座椅从外形上分由座垫、靠背、侧背支撑、头枕等（如图 5-28 所示）组成，它们具有一定的表面形状，座面和靠背的外形曲线应与人体放松状态下的背部曲线相吻合，乘员入座后座椅的表面形状与体压分布能使乘员的肌肉处于最放松的状态，能支撑到腰椎部位，不会因血液循环不良而引起肢体麻木，长时间乘坐不易感到疲劳。通过对座椅的前后上下、靠背的倾斜角度、头枕前后上下等位置的有限调节，可以使大部分人处于舒适状态，如图 5-29 所示。

座椅布置的目的：保证驾驶员、乘员处于舒适的驾驶和乘坐姿势的状态，并实现驾驶员与操纵机构的相对位置、乘员的一些功能操作。

在整车内饰中，无论从功能上还是体积上，座椅都占有很重要的地位。对汽车座椅的设计制造要求一般有以下几点。

- 使驾驶员和乘员的疲劳限制在最低程度。
- 作为支持人体的部件，应该安全而且触感好。
- 对乘员安全性的保护。
- 座椅是整车结构中成本较高的部件，所以应注意采用经济的结构。
- 座椅占去了大部分车内空间，所以应该有令人满意的外观效果。
- 座椅的形状和尺寸应与设计的乘员相符。

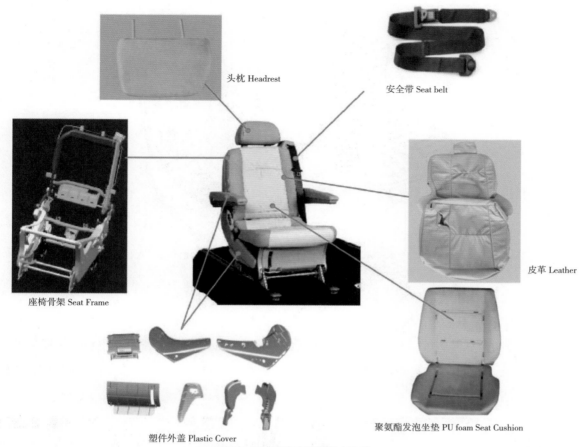

头枕 Headrest

安全带 Seat belt

座椅骨架 Seat Frame

皮革 Leather

塑件外盖 Plastic Cover

聚氨酯发泡坐垫 PU foam Seat Cushion

图 5-28　汽车座椅的基本组成

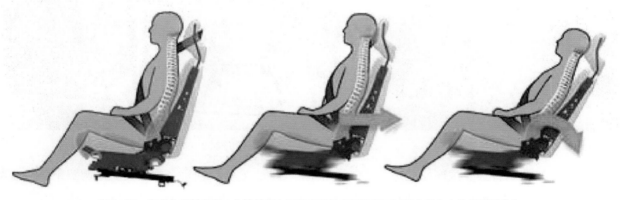

图 5-29　靠背的倾斜角度、头枕前后上下等位置的有限调节可以使大部分人处于舒适状态

　　汽车座椅是车身内部的重要装置。座椅的作用是支承人体，使驾驶操作方便和乘坐舒适。从结构上划分座椅由骨架、座垫、靠背和调节机构（图 5-30）等部分组成。

1. 汽车座椅的分类

　　汽车座椅可以分为很多种，一般汽车前排座椅要求必须有头枕，同时也可以选择座椅是否具备扶手结构。通常来说，前排座椅可以前后、高度、角度调节，而中后排座椅的座垫可以前后移动、翻折或旋转，后排座椅的方向可以向前、向后或是侧向，这些都根据整车的风格、目标市场、使用要求来设计，如图 5-31 所示。

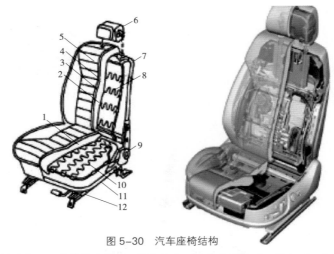

图 5-30　汽车座椅结构

1—座椅缓冲垫；2—靠背缓冲垫；3—衬垫衬布；4—蒙皮衬垫；5—蒙皮；6—靠枕；7—靠背骨架；
8—靠背弹簧；9—靠背倾斜调节机构；10—座椅弹簧；11—座椅骨架；12—座椅调节器

（1）汽车座椅按结构类型分类。

座椅按照其结构类型来分，可以分为以下几种不同形式。

1）靠背折叠座椅：座垫可以是整体的或是分开的，靠背可以折叠，通常是用于后排座椅以及前排的副驾驶座椅，这个功能用来增大后排行李箱的空间，使大而长的行李可以放入车中，如图 5-32 和图 5-33 所示。

图 5-31　汽车座椅灵活调节

图 5-32　靠背折叠座椅（一）

2）独立式座椅：独立式座椅区别于其他类型座椅的是，它可以使每个乘员独立地调节座椅，通常座垫和靠背都是相对独立的，可以前后调节、翻转，而不影响其他乘员。独立式座椅可以是 40/60，可以是 50/50，根据整车的风格定义，如图 5-34 所示。

3）长条座椅：长条座椅的座垫是整体的，而靠背可以是分离的或整体的，分离式的靠背可以独立折叠，方便后排乘员的进出，如图 5-34 所示。

4）斗式座椅：斗式座椅通常只供单人使用，独立地直接固定在车身上，一些斗式的座椅可以旋转 90°～360°。此外，目前的座椅还发展具有了新的功能，一些座椅可以将靠背旋转直至放

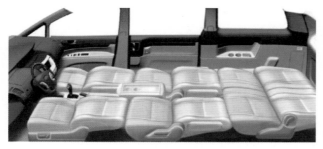

图 5-33　靠背折叠座椅（二）

平，靠背和座垫组成了一个平整的空间，还有些座椅集成了安全带的下部固定点、儿童座椅的安装固定点，除了普通的翻转外，有些三排座椅做成了侧向面对面的形式，为了更大地增加储物空间还可以将座椅快速拆卸等，如图5-35所示。

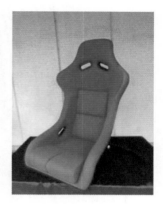

图5-34 独立式座椅和长条座椅

图5-35 斗式座椅

（2）汽车座椅按组合方式和使用方法分类。

汽车座椅按组合方式和使用方法可分为单座、双座、易进出长座椅和可翻转座椅几种不同的样式，如图5-36 ~ 图5-38所示。

（3）座椅按是否电控分类。

座椅按是否电控可分为手动座椅和电动座椅两种。无论手动座椅还是电动座椅其具体调节部位如图5-39所示。手动座椅大家比较了解，讲解从略。这里重点介绍电动座椅。

现代轿车的驾驶者座椅和前部乘员座椅多是电动可调的，又称电动座椅。座椅是与人接触最密切的部件，人们对轿车平顺性的评价多是通过座椅的感受作出的。因此，电动座椅是直接影响轿车质量的关键部件之一。

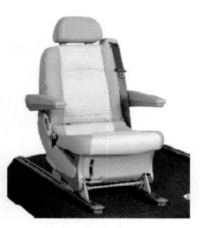

图5-36 单座

图5-37 双座、易进出长座椅

图5-38 可翻转座椅

轿车电动座椅以驾驶者的座椅为主。从服务对象出发，电动座椅必须要满足便利性和舒适性两大要求。也就是说驾驶者通过键钮操纵，既可以将座椅调整到最佳的位置上，使驾驶者获得最好的视野，得到易于操纵方向盘、踏板、变速杆等操纵件的便利，还可以获得最舒适和最习惯的乘坐角度。为了满足这些要求，世界汽车生产大国的有关厂家都竞相采用机械和电子技术手段，制造出可调整的电动座椅。

现代轿车的电动座椅是由座垫、靠背、靠枕、骨架、悬挂和调节机构等组成的。其中调节机构由控制器、可逆性直流电动机和传动部件组成，是电动座椅中最复杂和最关键的部分，可逆性直流电动机必须体积小，负荷能力要大；而机械传动部件在运行时要求有良好的平稳性，噪音要低。控制器的控制键钮设置在驾驶者操纵方便的地方，一般在门内侧的扶手上面。有些轿车的控制器还设有微电脑，有存储记忆能力，只要按下某一记忆键钮，即可自动将电动座椅调整到存储的位置上。由于座椅是衡量轿车档次的重要依据，因此轿车设计师

图 5-39　座椅具体调节部位

1—座位上下调节；2—侧背支撑调节；3—靠枕上下、前后调节；4—靠背倾斜调节；5—座椅前后调节；6—座位前部调节；7—腰椎支承气垫调节

十分重视电动座椅的设计，从材料到形状，尽量做得完美无缺。在造型方面，充分考虑人体尺寸、人体重量、乘坐姿势和体压分布等因素，应用人机工程学的研究成果和先进技术，制造出乘坐舒适、久坐不乏的座椅。例如奔驰 E 级轿车的六向可调式电动座椅均按人体轮廓要求设计，能为人体的腰部和臀部提供最佳的横向支持。在材料方面，由于座椅还起到车厢装饰的作用，因此座椅面料的颜色要与车厢的总色调配合一致，除了质地优良，还要有良好的手感，使人们一坐上去就有一种舒适的感觉，如图 5-40 所示。

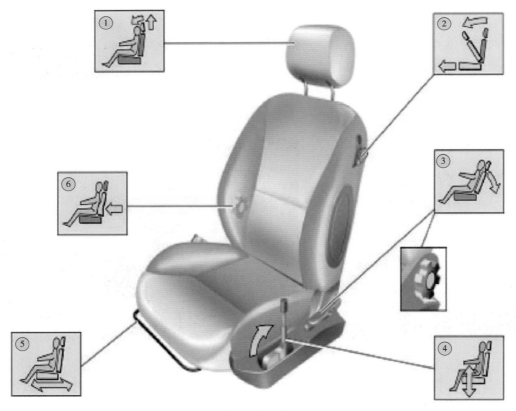

图 5-40　电动座椅结构图

过去的轿车以交通为唯一目的，今天的轿车设计思想则倡导人与车的融合，座椅就是这个设计思想中极其重要的环节。现代轿车座椅涉及电子学、人机工程学、工业设计学等领域，随着汽车技术的发展，轿车座椅已从一个简单的部件发展到一个比较复杂和精确程度要求比较高的部件。

2. 汽车头枕的分类、法规和评定标准

对于轿车的靠背座椅而言，头枕是座椅上的一个附件。随着车速的增加，头枕对人身安全日益重要。汽车一旦发生追尾碰撞，汽车受后面冲击力作用瞬间急速向前，由于惯性作用乘员的头部会突然向后仰，颈椎承受到很大的加速度力而容易受伤。有了头枕承托，减少头部自由移动的空间，即可降低对颈椎的冲击力。1998年Volvo（富豪）轿车装配的WHIPS（头颈部保护系统）当追尾发生时可令靠背头枕与驾乘者同时后移，有效避免颈椎伤害，如图5-41所示。

图 5-41　WHIPS（头颈部保护系统）

在交通事故中，追尾撞击事故是比较常见的。在追尾撞击中易造成颈椎伤害，这种撞击通常发生在市区内慢速行驶的车辆之间。当一辆汽车遭到行驶在后面的另一辆车撞击时，人体上半身的激烈运动会对相对脆弱的颈部（颈脊柱）造成严重扭伤，并引起颈椎功能混乱，产生剧烈的颈部和头部疼痛，而且往往成为慢性疾病。颈椎伤害不易发现和确诊，却给人们带来生理上和心理上的痛苦。这时候，对于头部和颈部起到最好保护的是头枕。综上所述，头枕是用于限制乘员头部相对于其躯干后移，以减轻在发生碰撞事故时颈椎可能受到的损伤程度的装置，示意图如图5-42和图5-43所示。

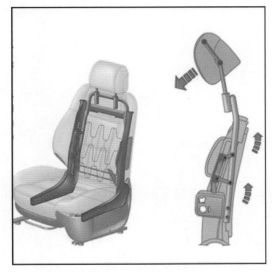

图 5-42　头颈部保护系统（一）

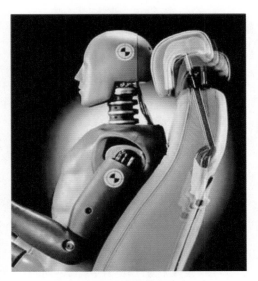

图 5-43　头颈部保护系统（二）

座椅的头枕通常可以分为整体式、可拆式和分体式 3 种。

（1）整体式头枕。由靠背上端部分形成的头枕，仅能用工具将其从座椅或车身结构上拆下来，或用将座椅外罩全部或部分拆下来的方法将其拆下来。

（2）可拆式头枕。采用插入或固定的方式与座椅靠背相连且可以与座椅分开的头枕。

（3）分体式头枕。采用插入或固定的方式与车身结构相连且完全与座椅分开的头枕。

下面介绍头枕法规。

头枕高度：沿躯干线方向测量 H 点到垂直于躯干线的头枕切线之间的距离定义为头枕高度，如图 5-44 所示。头枕的高度在国标、欧标、美标中有不同的要求。由切线 S 以下 65mm 处并且垂直于基准线的平面 S1 来确定由轮廓线 C 所限定的头枕剖面。头枕宽度也可在过从 R 点沿基准线向上 635mm 处且垂直于基准线的平面内确定。

头枕宽度：头枕两侧距座椅垂直中心平面的距离都不小于 85mm。

RCAR 是一项针对头枕的评定标准，它将头枕按照调节方式分成几种不同的形式，测量座椅头枕和假人头部之间的距离关系对应标准以评定头枕的好坏，如图 5-45 所示。

图 5-44 头枕高度的确定方法

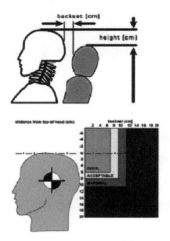

图 5-45 头枕的评定标准

3. 汽车座椅扶手分类

座椅的扶手通常也可以分为以下 3 种。

（1）独立式的座椅扶手：有独立的支撑，不和座椅靠背连接，通常是不可调的。

（2）整体式的座椅扶手：和座椅构成一个整体，使用时将它翻转，不用时可以折叠，之后和靠背的表面齐平。

（3）侧面固定的座椅扶手：固定在座椅靠背的侧面，通常可以调节。

4. 座椅储物盒分类和布置要点

有些座椅坐垫下面会布置储物盒，以抽屉式和翻盖式为主，储物盒本体与坐垫相对固定，因为座椅可以调节，储物盒必须跟随座椅滑移。布置要点如下。

（1）某些座椅具有高度调节功能，可能没有足够的调节空间，因此要求在座椅最低位置时，储物盒的底部与地板要有适当的距离，必须考虑地毯厚度、横梁高度，以及座椅下面的电气元件等，高度取 10 ～ 20mm，同时在座椅滑动过程中储物盒与其他部件不干涉。

（2）储物盒的末端高度必须考虑后排乘员双脚摆放的位置，给出人机工程分析。

（3）储物盒的本体与座椅本身调节机构不能干涉，座椅调节拉线需要从侧边走。

（4）储物盒与坐盆的固定必须要考虑其强度，同时定义储物盒的最大储物量，以选取合适的连接零件；一般鞋盒位于前排驾驶员座或副驾驶座下，表 5-1 中简要对比了两种不同位置的优缺点。

表 5-1　　　　　　　　　　　　驾驶员座或副驾驶座下储物盒的优缺点

	驾驶员座椅下	副驾驶座下
优点	方便驾驶员使用	不会产生上述安全隐患，方便乘员使用
缺点	驾驶员在驾驶途中弯腰至低头去取储物盒中的物品，存在安全隐患；对于可高低调节的座椅，可能没有足够空间来安装储物盒；另外，座椅在高低调节的过程中可能会压损储物盒	驾驶员使用不方便

5. 汽车座椅安全带设计和分类

安全带是汽车被动安全系统中关键的组成部分，也是乘员获得安全保障的基本要素。当车辆紧急制动或发生碰撞时，能够将乘员约束在座椅上，减轻伤害，保护乘员。按固定点分有两点式、三点式、多点式，所谓两点或三点式是指安全带与汽车车身或座椅连接固定点的数目，如图 5-46、图 5-47 和表 5-2 所示。

DLA84

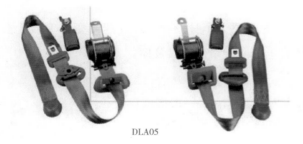

DLA05

图 5-46　汽车座椅安全带分类

表 5-2   安全带构成元件功能说明

构 成 元 件	功 能 说 明
卷收器 Retractor Assy	用于织带的锁止和回卷（撞车时）
织带 Webbing	用于束缚人体与座椅间的位移
锁舌 Tongue；锁扣 Button	用于织带的固定和解脱
高度调器 Height adjuster	用于调节安全带一端固定点的固定高度

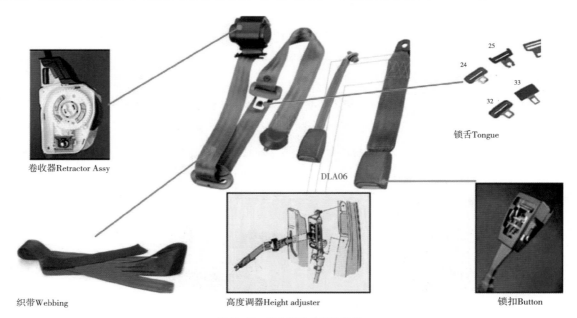

卷收器Retractor Assy

锁舌Tongue

织带Webbing

DLA06

高度调器Height adjuster

锁扣Button

图 5-47 安全带卷收器的结构

（1）卷收器锁止特性。

当汽车发生意外时，卷收器立即锁止。设计分为车感（车身发生剧烈加速度变化）和带感（织带方向发生剧烈加速度变化）两种锁止结构，另外有采用两种结构的复合体。

$$\begin{cases} \text{车身倾角敏感：} \leqslant 12°，不锁止；> 27°，锁止——车感 \\ \text{车速敏感：以加速度值作为判定标准——车感} \\ \text{织带敏感：以加速度值作为判定标准——带感} \end{cases}$$

（2）卷收器的作用及动作原理。

作用是当汽车发生意外时，安全带织带提前收紧，消除织带与人体的余隙。

原理是装有一种预紧器装置，当汽车发生意外时其中央控制单元（ECU）会接到汽车发生意外的电信号（如加速度剧烈变化），继而引爆预紧火药装置，爆炸产生的巨大压力带动卷收器棘轮在瞬间收紧织带。此时，安全带对人体产生的压力非常大，为避免织带对人体造成伤害，同时配备一种称为限力器的装置，它是一种吸能装置，即在卷收器内部加装一个塑性变形金属元件。当卷收器收紧并锁止时，吸能元件会发生塑性变形，缓冲织带压力，从而降低织带对人体的冲击。

如图 5-48 所示是典型的前排三点式安全带示意图。

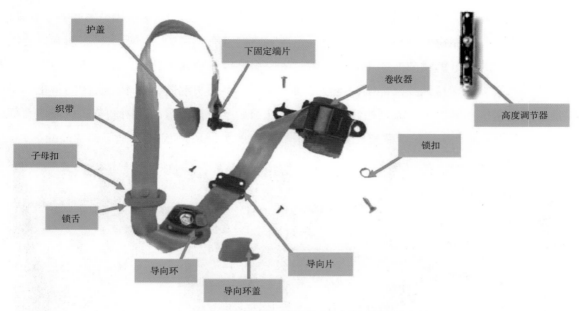

图 5-48　典型的前排三点式安全带示意图

一般三点式安全带均包括以下部分：卷收器、织带、导向环、锁舌、端片、子母扣、锁扣、高度调节器（根据配置不同，可能没有）、导向件（根据实际布置需要而定）、螺栓、螺母等。

5.2.3　现代轿车座椅设计要求

现代轿车已经不是一个单纯的运载工具，它是人、汽车与环境的组合体。座椅作为汽车使用者的直接支承装置，在车厢部件中具有非同小可的作用。汽车座椅的主要功能是为驾驶者提供便于操纵、舒适、安全和不易疲劳的驾驶座位。座椅设计时应同时满足以下 5 点基本要求。

（1）座椅的合理布置。

（2）座椅外形要符合人体生理功能。

（3）座椅应具有调节机构。

（4）座椅有良好的振动特性。

（5）座椅必须十分安全可靠。

座椅安装位置的尺寸是很重要的，它直接影响到使用者的便利性和舒适性。座椅布置要满足出人机工程学的要求。驾驶座椅是最关键的座椅。它的基本要求是布置合理、操纵方便，即乘坐时驾驶者对方向盘、操纵杆和踏板的良好可及性。由于欧美和亚洲人身材的差异，一些国家汽车的座位十分宽阔，一些国家汽车的座位相对狭小。由于同一地区的人群，也有男性和女性的差异、高大和矮小的差异，驾驶座椅必须要有调节机构，以适应大部分人的身材。"大部分人"这个概念，轿车设计师采用一种二维的人体样板，汽车工业中所应用的总范围在 5% 和 95% 之间，也就是包括了 90% 人群。例如设计可调节座椅与踏板之间的距离，适应尽可能多的驾驶者身材，在这里一般取 5%~95% 的人体样板。

驾驶座椅对方向盘、操纵杆和踏板的可及性决定了人体乘坐的姿势，姿势是由座椅的安排位置和形状设计所决定的。驾驶者乘坐姿势不理想就容易疲劳甚至引起劳损。因此，日本及欧美各大车厂设计驾驶座椅位置都有基本姿势、头部、肩部、手臂、腹部、腿部等活动空间的参考数据，不能随心所欲。

轿车座椅由坐垫、靠背、侧背支撑、头枕等组成，它们具有一定的表面形状，座面和靠背的外形曲线应与人体放松状态下的背部曲线相吻合，乘员入座后座椅的表面形状与体压分布能使乘员的肌肉处于最放松的状态，能支撑到腰椎部位，不会因血液循环不良而引起肢体麻木，长时间乘坐不易感到疲劳。通过对座椅的前后上下、靠背的倾斜角度、头枕前后上下等位置的有限调节，可以使大部分人处于舒适状态。因此舒适座椅扮演着重要角色。如图5-49所示是某MPV超舒适座椅功能配置。

图5-49　某MPV超舒适座椅功能配置

根据行驶试验采集的脑电波、肌肉电压（手脚活动时产生的微弱电压）、身体压力分布、血流等生理指标，在座椅上实现完善的人机界面，使乘员身体、精神双方面放松，减轻疲劳感。比如，通过靠背的倾侧角度与椎间盘内压的相互关系确定了最合适的倾斜角度。如图5-50和图5-51所示是超舒适座椅的主要调节方法。

图5-50　超舒适座椅的主要调节方法（一）

图5-51　超舒适座椅的主要调节方法（二）

超舒适座椅有如下主要特征。

（1）座椅倾斜结构：根据人机工程学调试最佳角度，座椅可以完全放平舒适躺倒。

（2）抑制摆动头枕：从头部后方、后脑勺下方、头部左右侧对近似球状的头部进行三点支撑，抑制行驶中因为汽车晃动导致的头部上下左右摇摆，从而减轻颈部肌肉的负担。

（3）椅面角度调节系统：可以将椅面向前上方抬起，在增大座椅靠背倾斜角度，减轻颈周和下半身负担的同时，可以抑制臀部的滑动。

（4）粗横棱纹织物脚垫（足拖）：座椅表面向前上方抬起时，膝部内侧就会受到挤压。把脚放在这个脚垫上能够减轻膝部内侧受到的挤压。

（5）座椅两侧设置有可以调整角度的扶手：减轻了臂部和肩部的肌肉负担。

按摩、通风、加热等功能作为选装配置，可以同时在座椅中实现。基于人机工程学，结合以上配置，为乘员提供了"头等舱般的舒适体验"。

5.3 方向盘造型设计

概括来说方向盘的造型设计主要包括以下 5 个方面（图 5-52 和图 5-53）：

（1）方向盘的尺寸和形状直接影响到转向操纵的轻便性。

（2）方向盘的中间形体部分要满足布置要求，亦即要有足够的空间布置安全气囊和按钮等机构。

（3）在颜色和材料的选用上，要和整体仪表板的造型方案风格协调统一。

（4）方向盘上如需要布置按键，按键的设计应清晰明了，布局位置要操作方便。

（5）在方向盘中部要设置汽车品牌标志和气囊标识，既要清晰醒目，又要体现美感。

图 5-52 方向盘的造型设计方案（一）

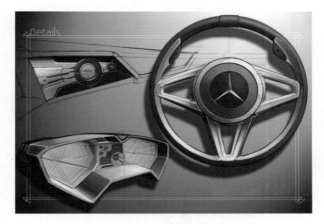

图 5-53 方向盘的造型设计方案（二）

5.4 门内饰板造型设计

概括来说门内饰板的造型设计主要包括以下 4 个方面（图 5-54）。

（1）门内饰板造型必须从室内环境整体造型出发，统一构思。

（2）门内饰板造型既要充分利用空间，又要十分注意和邻近的人体部位的形状吻合，防止对人体挤压或导致不舒适的感觉。

图 5-54 门内饰板造型设计

（4）门内饰板上控制件的造型要和仪表板上控制件的造型配合协调。

（5）门内饰板材料的选择要注意使用条件。

5.5 汽车内饰材料

汽车内饰通过多种材料和多种生产工艺而达到不同的效果，一般内饰的材料多用塑料 ABS 和改性 PP 等，还有其他的如皮革、植绒布、泡沫、玻璃钢等多种复合材料。生产工艺更是多样化，除了一般的注塑以外，还有如吸塑、吹塑、挤出、PU 发泡、热压、蒙皮、喷涂、电镀、焊接等几乎所有的塑料加工工艺，还有如仪表板先进的搪塑工艺等。

内饰件最大的部件是仪表板总成，也是轿车车厢内最引人注目的地方。目前采用 PP 材料制造仪表板总成外壳已成主流，在欧洲每年生产仪表板要耗用 12 万 t 热塑性材料，其中 PP 材料就占了 5 万 t，接近一半。据专家预测，这一比例还会继续扩大下去。目前欧洲已开发出一种气味小、不易老化、低密度和有更好的环境适应性的 PP 材料，应用在轿车上面。

为了使轿车车厢更加舒适和美观，车厢内的装饰材料有越来越高级的倾向。例如座垫面料，中高级轿车大都采用手感柔软、色调高雅的皮革、呢绒、丝绸等天然材料。此外，也有采用其手感与天然材料相似的细合成纤维丝无纺布做面料的。普通轿车多数采用化纤纺织品，一些高级轿车车厢的装饰板还用贵重的胡桃木、花梨木等材料做成，嵌在仪表板总成和车门内板上，将车厢内部点缀得别有一番情调。

轿车内饰木质材料一般是指胡桃木和花梨木，多用胡桃木，因为这些木材的优点是纹理优美、坚韧、不会变形。因此，一些高中档轿车用胡桃木做内饰材料，配上真皮面料、丝绒内饰面料等的座椅，相辅相成，尽显一种优雅与华贵的气氛。

5.6 现代汽车内饰设计解析

随着社会的进步和生活水平的不断提高，人们在追求靓丽的车身外形和澎湃动力的同时，也越来越关注汽车内饰。汽车内饰产品是人们体验驾驶乐趣、满足人们消费心理需求、体现生活质量和品味的主要载体和象征，因此内饰部分的设计是否成功已逐渐成为衡量一辆汽车的设计成功与否的关键因素。

一般我们所说的汽车内饰主要包括仪表板、副仪表板（也称中央通道）、门内饰板、座椅、方向盘、遮阳板、A、B、C/D 柱、门把手、排档手柄、顶篷、地毯以及与其相关的功能件和装饰件等，还包括空调系统中的出风口和控制面板、电子系统的显示面板和控制按钮等。

好的汽车内饰必须满足功能性、舒适性、经济性以及人们广泛认同的精湛工艺（Craftsmanship）和审美观。因此，汽车内饰的设计要求设计师从功能、造型、色彩、材质以及必要的装饰件等方面进行全面的设计，既要符合使用功能的需要，又要使内饰风格整体协调，达到赏心悦目的效果。

5.6.1 汽车内饰设计功能性

汽车内饰设计应该首先围绕着功能性展开，充分满足驾乘者在汽车内部空间中的活动需要。

（1）操控功能：满足驾驶者在正常情况下操控车辆行驶的基本要求以及其他相关活动，如取物、开关空调、控制灯光、调节出风口、使用杯托和点烟器等。在设计操控功能时，最重要的是要符合人机工程学方面的要求。由伟世通公司开发的 GENPAD 软件是目前在全球工业界领先的运用在汽车内饰设计中的人机工程因素分析软件，它能够帮助设计师建立理想的汽车内部操作空间，使汽车驾驶员及乘客更加舒适和安全。

（2）乘坐功能：涉及座椅的滑动、转动、升降、角度调节、拆卸、头枕和扶手的调节等。另外，高档的座椅还有加热、背托、按摩、模态记忆复位等功能，根据受力和人体局部舒适度的差异，椅面的硬度也有相应的区别。

（3）储物功能：除了行李箱外，汽车内饰也应当满足驾乘者的一些储物需要，合理利用车内空间，在细微处体现人性化的设计思想。

常见的储物设计方式按照所处的区域可分为仪表板区域、副仪表板区域、门内板区域、座椅区域、顶部区域等，并根据实际需要巧妙地设计诸如杯架、烟灰盒、地图袋、眼镜盒等储物空间。

（4）照明功能：主要形式有车内照明灯、阅读灯、背光灯、提示灯和艺术气氛灯等，而且根据不同用途的需要，各种灯要达到漫射、聚光、亮度调节以及某些特殊的艺术效果的氛围。随着电子照明技术的发展，汽车内饰的照明将展现给人们更加多姿多彩的形式。

（5）娱乐功能：汽车内饰的娱乐功能正将人们日常生活的一部分娱乐休闲方式带入到汽车生活中，使人们可以在乘坐汽车的旅途中欣赏车载 DVD，或者两人玩一把激烈的枪战游戏，甚至在车内通过遥控安装在车顶上的摄像头将沿途的风土人情摄录下来。

（6）信息功能：随着因特网、卫星通信和蓝牙无线技术等的日益发展，人们可以坐在汽车里与外界交换文字、声音和图像资料。通过全球定位系统 GPS 和导航系统 SmartNAV 的远程信息处理系统还可以进行车辆间的信息交换，不出车门获取事故和塞车信息，了解自己所处的位置，并根据塞车情况自动计算并显示到目的地的路线。现在生产的汽车绝大部分已配备导航系统。

5.6.2　汽车内饰的造型风格

任何产品都会通过其特定的造型语言向人们表达自己的个性，汽车内饰也不例外。设计师通过线条和型面勾勒出内饰产品的外形特征，体现出不同的造型风格，内饰的造型往往和车身外形的风格相吻合，总体上分为以下几种类型。

（1）豪华气派型：配置豪华、做工精致、选材考究，如大众辉腾（图 5-55）、戴克的迈巴赫（DC Mabach 57）等。

（2）运动时尚型：造型新颖前卫，具有很强的动感，并能体现高科技和时尚的设计元素，多见于一些轿跑车和 SUV 车，如 Mazda 6（图 5-56）、Volvo VCC（图 5-57 和图 5-58）等。

（3）稳重大方型：造型平稳、功能齐全、做工精湛，在中级和中高级车中较多见，如大众帕萨特 B5、奥迪 A6（图 5-59）等。

（4）典雅舒适型：整体造型格调雅致、线条柔和，驾乘舒适，具有人情味，同样在中级和中高级车中较多，如现代索纳塔（图 5-60）、丰田花冠等。

图 5-55 "豪华气派型"大众辉腾内饰设计

图 5-56 "运动时尚型"Mazda 6 内饰设计

图 5-57 "运动时尚型"Volvo VCC 内饰设计（一）

图 5-58 "运动时尚型"Volvo VCC 内饰设计（二）

图 5-59 "稳重大方型"奥迪 A6 内饰设计

（5）简洁实用型：造型简洁明快，突出内饰的功能性和实用性，让人一目了然，多用于中低级车中，如大众 PoLo（图 5-61）、丰田亚瑞斯等。

汽车内饰设计需要根据各个车型的市场定位和消费对象设计相应的造型风格，并力求在以往造型的基础上有所突破。当前流行的一些车型内饰也有将几种风格融合在一起的，以迎合更多的消费群体，但不管怎样，还应当有主次之分，不然就会缺乏个性，难以获得良好的市场定位。

图 5-60 "典雅舒适型"现代索纳塔内饰设计

图 5-61 "简洁实用型"大众 PoLo 内饰设计

5.7 汽车内饰设计的发展趋势

随着不同品牌汽车的总体质量差距的缩小，汽车内饰成为了竞争的新战场。这场战争最终的目标是让汽车内饰各部分之间充分吻合，达到零距离。如今，这些微小的细节已经成为汽车内饰质量一个非常重要的指标。

5.7.1 桃木内饰是汽车内饰市场的主流趋势

木质或者仿木质材料是轿车内饰的主要材料之一，镶嵌在仪表板、中控板（副仪表板）、变速杆头、门扶手、方向盘等地方。高中档轿车在内饰上配置木质材料以彰显豪华气势，中低档轿车在内饰上配置仿木质材料以提高档次。因此，目前流行木质或仿木质内饰，以体现轿车的装饰高档化。

轿车内饰木质材料一般是指胡桃木和花梨木，多用胡桃木，因为这些木材的优点是纹理优美、坚韧，不会变形。因此，一些高中档轿车用胡桃木做内饰材料，配上真皮面料、丝绒内饰面料等的座椅，相辅相成，尽显一种优雅与华贵的气氛，如图 5-62 所示。

从 19 世纪末到 20 世纪初，外形基本沿用马车造型的汽车出现了。在贵族们的马车上盛行的胡桃木内饰也自然而然地被移植到了汽车上，继续着其豪华与贵族的象征。百年来，胡

图 5-62 桃木汽车内饰

桃木因其华贵柔软、色泽温润柔化了钢铁车身的冷峭坚硬，一直被运用于高档汽车仪表面板、车门内饰板和方向盘配置的豪华行头。在欧美的汽车博物馆中珍藏的那些名贵古董车上的胡桃木内饰，虽历经沧桑，仍然犹如古老的皇家波旁式家具一样温婉地散发着那怀旧、名贵的气息，令观者不由得不被其非凡、典雅的气派所震撼。

为了满足对安全性的高要求，现代的胡桃木内饰已经不再采用整块木料制成，而是由厚度为 0.6mm 的薄片共计 40 层压制而成，每层中间都粘合了相同形状和厚度的铝片，使其具有更高的强度，在发生车祸时不会碎裂。经过这道工序后成型的胡桃木内饰板，还要先用细砂纸打磨两遍，然后再用上等蜂蜡按照最原始的方法手工打磨 8 次，直至表面光滑如镜才算初战告捷。一套胡桃木内饰的整个制作过程大概需要两个星期才能完成。

仿木质材料早在 20 世纪 70 年代已经出现，这是一种塑料制品，例如用 ABS、PVC（聚氯乙烯）、PC（聚苯乙烯）等材料制造，现代的贴膜技术可令仿制品做得惟妙惟肖，以假乱真，纹路、光泽与真的木质材料极为相似。甚至行家也只能靠油漆辨别真伪，因为只有木质品才需要多层油漆来防潮和防紫外线照射。当然，成批生产的塑料仿木质内饰的纹路图案可能是件件都一样，而天然的木质内饰的纹路图案却是独一无二的。现在有一些塑料制品需要喷涂专用清漆等涂层材料以抗老化，缩小了仿木质内饰件与木质内饰件的质量差距。现在，还有一种制造方法，就是在塑料基体上粘贴上一层极薄的

木质镶饰，看上去与木质装饰件完全一样，因此可以自称为桃木装饰件。

轿车内饰镶嵌木质或仿木质材料，可以使得车厢豪华化，而这种装饰成本并不多。现在不但产品车流行内饰镶嵌木质或仿木质材料，社会上也有很多这类汽车装饰加工服务。当然，轿车内饰是为美化和安全服务的，轿车内饰的造型、色彩搭配、材质感都应当给人以良好的感受，还要具有阻燃功能。同时，并不是所有的轿车内饰都适宜镶嵌木质或仿木质材料，要根据车型、档次及需求而定，否则就会因不相称而弄巧成拙。

目前桃木纹内饰成了中国车市上营造豪华型、高档化的一个泛泛的说法，各主流车厂都在向消费者渲染"胡桃木饰"就等同于"豪华型"的非理性汽车消费误区。在其用于品牌车促销的说明书或广告中，有意无意地将进口车或是国产车的仿桃木内饰、桃木纹内饰采用打擦边球的方式来蒙蔽消费者，混淆视听，省略说成是"桃木纹内饰"。原本只有在高级豪华轿车上才会出现的胡桃木内饰，在十几万至几万元的经济型轿车上都成了所谓的标准配备，可怜的胡桃木有了被"恶俗"化的倾向。

与国际上通行的做法相比，在低档轿车上采用胡桃木内饰绝对是"中国特色"。因为在国外，车辆的装备水平是与车型的级别密切联系的，许多高级车上特有的装饰绝对不会出现在低级别的车上。木质内饰作为高档车的专属奢侈品，必定要采用胡桃木、樱桃木等真材实料精工细作；而低档车的内饰无一例外地采用织物和工程塑料，虽然质量和手感很好，但绝对不会超越车辆的级别。

不过桃木内饰目前依然是市场的主流，过去一些桃木内饰的改装很简单，有的只是在原有的塑料制品上粘贴超薄的木纹纸，由于工艺简单、材质粗糙，这些桃木装饰效果一般，时间稍长还有脱落的现象。根据商家介绍，现在市场上高档桃木饰件材料精致，而且配套细节上考虑周全，全套的内饰包括中控台、挡把、方向盘甚至门拉手，手感和装饰性以及耐用性与初期所谓的桃木饰件相比都要好很多。如图5-63所示为全套汽车桃木内饰。

在年轻的爱车一族中，正在流行一种铝合金亚光的全套内饰，印有狂野的迷彩和豹纹、素雅的碳素纤维、花岗石花纹等个性化装饰的配件和车内其他部件相得益彰，让爱车更加时尚、更具潮流感。据了解，这是一种新的印刷技术，甚至可以根据不同的汽车风格设计不同的图案。整车饰件配套这种技术的很多，如宝来、奥迪A6（图5-64）、赛欧等，但车主可以亲自选择汽车内饰纹案尚属新鲜。新内饰的价格也不便宜，每套在1000～3000元之间。

图5-63　全套汽车桃木内饰

图5-64　铝合金亚光的全套汽车内饰

5.7.2 深色内饰需求增加

汽车内饰颜色对驾驶员的情绪具有一定的影响，深色内饰能给人稳重、内敛、坚强的感觉。虽然选择内饰颜色会因人而异，但深色内饰相对浅色内饰更耐脏、更好打理，受到很多消费者的青睐，如图5-65所示。

进口车中，斯巴鲁翼豹、标致407、保时捷911（图5-66）都是深色内饰的代表，而国产车中，一汽大众高尔夫、长安福特福克斯、一汽奥迪A6、一汽奥迪A4也都有深色内饰选择，深色内饰不仅可以体现稳重、尊贵，配以银色金属饰板也可以散发现代、运动、科技的气氛。

图5-65 深色汽车内饰

图5-66 保时捷911内饰设计

思考题

举例分析说明汽车内部造型设计主要包括哪几个方面并阐述其意义。

第6章
Chapter6

计算机辅助汽车造型设计概论

6.1　CAID 的基本概念

CAID 的英文全拼为 Computer Aided Industrial Design，中文翻译为"计算机辅助工业设计"。CAID 是指以计算机作为主要技术手段，运用各种数字信息与图形信息来进行工业设计的各类创造性活动。它是以计算机技术为支柱的信息时代的产物。工业设计是一门综合性的交叉、边缘学科，涉及诸多学科领域，由此决定了 CAID 技术也涉及了 CAD（Computer Aided Design）技术、人工智能技术、多媒体技术、虚拟现实技术、模糊技术、人机工程学等信息技术领域。广义上，CAID 是 CAD 的一个分支，许多 CAD 领域的方法和技术都可以借鉴和引用。

图 6-1　计算机辅助汽车造型设计绘制的效果图

计算机辅助工业设计是计算机辅助设计的一部分，即设计人员在计算机及相应计算机辅助工业设计系统支持下，进行工业设计领域的各类创造性活动，包括产品造型设计、视觉传达设计、展示环境设计等。本书主要探讨的是计算机辅助汽车造型设计。汽车工业是最早运用计算机辅助设计系统的行业之一。在运用计算机完成管理和组织工作的过程中已经有相当多的经验。而设计和制造汽车总是需要高额的投资，这种现象通过计算辅助汽车造型设计得以解决。如图 6-1 所示为计算机辅助汽车造型设计绘制的效果图。

6.2　CAID 在汽车造型设计中所起的作用

计算机辅助工业设计，简单地说就是指在计算机技术和工业设计相结合形成的系统支持下进行工业设计领域内的各种创造性活动。而工业设计的整个工作流程一般包括：接受项目、制定计划、市场调研、寻找问题、分析问题、提出概念、设计构思、解决问题、设计开展、优化方案、深入设计、模型制作、设计制图、编制报告、设计展示、综合评价。在整个流程中，辅助设计的阶段主要从设计构思开始，一直到设计制图。那么与工业设计工作流程相对应，CAID 主要包括数字化建模、数字化装配、数字化评价、数字化制造、数字化信息交换等方面内容。其中数字化建模是由编程者预先设置一些几何图形模块或几何构成元素（点、线、面），正如一些绘图软件，然后设计者在造型建模时可以直接使用，通过改变几何图形的相关尺寸参数或利用几何元素来构建可以产生其他几何图形，任设计者发挥创造力。数字化装配是在所有零件建模完成后，可以在设计平台上实现预装配，可以获得有关可靠性、可维护性、技术指标、工艺性等方面的反馈信息，便于及时修改。数字化评价是该系统中集中体现工业设计特征的部分，它将各种美学原则、风格特征、人机关系等语义性的东西通过数学建模进行量化，使工业设计的知识体系对设计过程的指导真正具有可操作性。比如生成的渲染效果图或实体模型可以进行机构仿真、外形、色彩、材质、工艺等方面的分析评价，更直观且经济实用。数字化制造是在数字化工厂中完成的，它能自动生成自动识别加工特征、工艺计划、自动生成 NC刀具轨迹，并能定义、预测、测量、分析制造公差等。数字化信息交换是基于网络，使该设计平台能够实现与其他平台的信息资源共享。从这里可以看出，工业设计的很多环节都已经引入了计算机技术，在后面主要介绍的是数字化建模这一块，从某种意义上说，这也代表了狭义的计算机辅助工业设计概念。如图 6-2 所示为用平面绘图软件绘制的奥迪车效果图。

图 6-2　用平面绘图软件绘制的奥迪车效果图

6.3　CAAD 在汽车造型中的重要性

CAAD 的英文全拼为 Computer Aided Automotive Design，中文翻译为"计算机辅助汽车造型设计"。CAAD 引入汽车造型设计领域，开始取代造型师的大量手工劳动。在传统的设计过程中，设计师的大部分时间和精力用以完成汽车造型效果图、车身工程制图以及模型，用图纸和模型实物来表现造型师的创意构思。由于每一种车型都要制作缩小比例模型和全尺寸模型。因此存在着修改困难、设计周期长、成本费用高等一系列问题。现在，在造型设计过程中引入计算机，由计算机接管了这部分工作，使造型设计师更多地致力于概念设计、剖析构思以及方案选择评价等方面的工作。创意构思成为一种新车型造型设计过程中的主要组成部分。许多大汽车公司不断推出新的概念车就是为了表现自己在创意构思和技术进步方面的突破。当一种新车型的构思成熟后，就交由计算机去修饰、扩展、完善这个构思，使造型师的创意构思迅速反映出来。设计者只需在计算机终端前明确对车身的要求，在造型风格、美学特点及良好的空气动力学性能方面体现新产品开发的意向，调用专用或通用的造型软件，反复修改原设计，直到满足设计要求（图6-3）。这样，大大提高了设计效率，缩短了设计周期，提高了产品设计质量。计算机的使用更易于发挥造型师的创造性和智慧，加速汽车产品的更新换代。CAAD必将使汽车造型设计进入到一个新阶段。

图6-3　计算机辅助设计软件绘制的汽车

6.4　计算机辅助造型设计对汽车造型的影响

计算机辅助造型设计对汽车造型产生了重大影响，主要包括以下几个方面。

（1）计算机对汽车造型并行化设计的影响。

并行化设计方法上，计算机的出现为这种方法提供了可能，设计师在产品设计开发中，利用计算机的产品数据管理技术将工程设计、制造、生产、后勤、计划等信息连成一体，同时展开各项工作，在计算机辅助下的并行化设计可以在设计过程中受到来自各方面信息的制约、检验和提示，及时发现错误并纠正错误，保证了设计的系统性和科学性，应该说并行化设计方法是计算机辅助产品造型设计的最大优点。

（2）计算机对汽车造型优化方法的影响。

计算机对汽车造型优化方法的影响也是显而易见的。传统的设计方法是通过二维表达后再制作成实体模型，然后根据模型的效果进行改进、再制作成工程制图用于生产。这样在二维表达到制作模型的过程当中，人为的误差是相当大的。在绘制工程图纸时设计师优化方面的考虑需要通过详尽的计算和分析才能作出正确的判别，有时往往知难而退。由于计算机辅助设计的介入，使我们真正实现了三维立体化设计，产品的任何细节在计算机中都能详尽地展现，并能在任意角度和位置进行调整，在形态、色彩、材质、比例、尺度等方面都可以进行适时的变动。计算机对你所建立的三维模型进行优化结构设计，大大节省了设计的时间及精力，更具有准确性。

（3）计算机对汽车造型师工作的影响。

计算机进入到设计领域中，取代了设计师的部分工作，因此引起了设计程序上的变化。在传统的设计程序中，设计师的大部分时间和精力用以完成制图、效果图和模型的表达，以表达自己的设计思想与设计方案。现在计算机人性化的设计界面可更为快速而准确地完成设计制作，得以在设计程序上进行时间上的调整。从原先用在设计表达花的大部分时间到主要精力放在概念分析、创意构思及选择评价等方面。前期的创意构思显然已经成为现代设计的重要部分。

计算机使设计师在工作中的交流与合作大大增强，通过计算机网络和远程技术的支持，设计师之间、设计师与其他专家客户之间的沟通不再受时间、地域的限制，传统设计室的局限将被打破，真正意义上的"无墙设计室"得以建立。

（4）计算机对汽车造型设计的观念及方式的影响。

计算机软件的发展使产品在造型设计的自由度上有了很大的进步。传统设计对双曲面、自由曲面的表达非常麻烦，往往需要制作实体模型才能表达清楚。而把模型再次转化为工程制图又是一件困难的事。因此，设计师在设计中总是避免使用自由曲面，这使得设计变得保守。今天借助计算机生成数据模型，这一切的困难都不复存在了，并且设计与制造的关系也更加紧密了。计算机的使用使我们对设计的评判标准发生了变化。传统的设计对表达的效果有很高的要求，往往把图面制作是否精良、线条是否光挺、色彩是否均匀等作为评价的重要标准。计算机精确的数据、精良的输出效果使这一标准失去了意义。同时使我们把评价的标准放在了对设计实质问题的评价上。计算机辅助设计缩短了产品开发研制的周期。一方面是工作效率的提高，另一方面是省去了传统设计中的许多表现步骤。特别是在方案的修改和调整上，因为计算机保留了设计的全过程，修改起来非常方便。这样，在开发一个新产品时比传统的设计要缩短 1/3 ～ 1/2 的时间，甚至更多。

从设计方式上来讲，在计算机面前，传统的图板、尺规、笔、纸等工具被削弱了在设计内原有的地位和价值。计算机操作平台为设计者提供了用之不尽的空间，我们只需要点击鼠标、操作键盘就能轻松地完成任务，一切都变得干净、整洁、简单、高效了。这种方式被称为"无纸化设计"，它大大减轻了劳动强度。这样的方式同时还改变了设计的思考方式和习惯。计算机减轻了我们的工作量，把更多的时间留给我们去思考、判断。因此，我们有了更充裕的时间去完成设计本身的任务。从另一个角度去看，计算机在减轻体力劳动的同时，增加了脑力劳动量。我们可以把更多的时间放在对设计的把握上，更好地完成设计。

6.5 计算机辅助汽车造型设计的创作过程与方法

计算机辅助汽车造型设计的创作过程大致可分为建模、渲染、后期处理三个阶段。

6.5.1 建模

建模是计算机辅助产品造型设计中最基本、最主要的工作。在建模阶段，设计师需要将创意构思用三维线框模型表现出来。描述产品的各种数据，包括平面形状、尺寸、细部结构等，被逐一输入计算机，然后由计算机生成三维模型，建模时，首先应保证所建模型与真实物体的形状尽可能一致；其次要考虑模型表现表面的细分程度，因为它直接影响模型的编辑和着色效果。建立产品的三维线框模型需要用建模软件。使用这些建模软件，可以在计算机屏幕上从任意角度观察、编辑和修改三维线框模型。三维建模软件一般都提供了多种建模方式，如实体建模、分段放样多边形网格建模、曲面分块建模等。对于一个物体而言，有时几种建模方式都可正确地建立起它的三维模型，但由于每一种建模方式都有其自身的特点，所建的三维模型的内部结构就会有所不同。因此，在选择建模方式时就要充分考虑模型的编辑方式和着色效果。用 RHINO 软件完成的轿车车身建模如图 6-4 和图 6-5 所示。

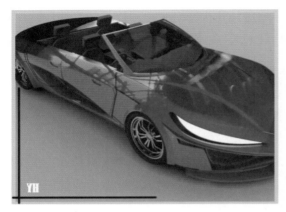

图6-4　RHINO建模软件绘制的汽车（一）

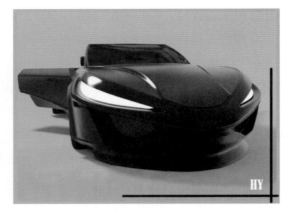

图6-5　RHINO建模软件绘制的汽车（二）

建模的过程采用了曲面分块车身建模方法。该方法是将整个车身结构分为若干分块曲面进行精确建模，然后再将各曲面分块拼接成整体车身。

6.5.2　渲染

建模只是建立了用线框表示的三维模型。为了使其具有真实感，还需要对模型进行渲染。所谓渲染，是指给模型的表面贴上材料的图案，包括质感和色彩。各种材料图案经渲染被"贴"在三维线框模型的各个表面后，模型看上去就像是真的一样。该阶段使用的软件叫渲染软件，经渲染后的模型可以储存为影像文件。常用的影像文件格式有TGA、TIFF、GIF、JPG等。这类影像文件一般是二维的，具有如同照片那样的表现效果。

6.5.3　后期处理

后期处理是指对二维影像进行图形修整、编辑、补充，以提高影像的整体表现效果。经渲染而得到的二维影像可以在这个阶段被调整明暗、高光、渐变色彩效果；可以被添上天空、树木、花草、人物等背景；可以被重叠印上文字或其他所需要的影像图案等。影像后期处理软件的另一个重要用途是对现有车型进行改进设计。利用影像后期处理软件可以快速表现多种方案的改进效果，从而为决策者提供决策依据，同时也可最大限度地满足用户的多方案要求。

建模、渲染、后期处理是计算机辅助汽车造型设计过程的基本步骤，最终得到的结果是产品效果图。但在实际应用中，根据使用情况的不同，不一定都要经过这三个步骤。三维线框模型、二维渲染影像以及后期处理得到的影像都可以是产品模型的表现形式。

6.6　常用造型软件

软件是计算机辅助产品造型设计的核心，也是造型师利用计算机进行产品设计的最基本的要求。

6.6.1　建模软件

建模是计算机辅助造型设计的前期阶段，也是整个造型过程的重点。从产品造型构思到建模思想的形成再到用计算机软件实现产品的造型是一个连贯且非常重要的过程，而不同的软件具有不同的建模方法，因此选用一种合适的建模软件就相当必要。在三维建模软件中，目前比较流行的几种是：RHINO、Pro/Engineer、CATIA、SolidEdge、UC等。每种软件都各有其自身的结构体系和模型表现方法。

6.6.2 渲染软件

前面提到的几种建模软件一般都具有一定的渲染功能，可以满足一定条件下的渲染要求，因此它们能够在自身环境下实现模型的渲染。在渲染软件中，3D Studio MAX是应用最广、最引人注目的产品，它是由美国Autodesk公司的多媒体子公司推出的，具有强大的材质编辑功能，渲染效果相当逼真，现已成为设计界、广告界、影视界中十分流行的渲染工具软件之一，它除了可用作渲染软件外，还可用于建模和动画制作。Keyshot因其简洁快速，这几年使用的人越来越多。

6.6.3 后期处理软件

后期处理软件的主要用途是致力于提高影像的表现力，经过有效后期处理的作品在表现力度和艺术深度方面都可能会大有提高。常用的后期处理软件是Adobe Photoshop。Photoshop拥有多种提高影像效果的工具，包括平面绘图、涂色、文字、影像旋转、缩放、色彩及亮度调整、添加及变幻影像效果、文件格式转换等。

汽车工业是最先应用计算机辅助设计技术的领域之一，目前在发达国家的汽车行业中，CAD技术已得到广泛应用，并取得了巨大的经济效益，新车型的开发周期大大缩短。在汽车造型方面，计算机辅助设计技术早已取代了传统的手工造型方法，越来越多的功能强大的造型软件使得汽车造型方案的生成和修改变得极为方便容易，由这些造型软件建立的汽车模型的精度和真实感也越来越高，计算机模型和真实场景的结合几乎可以达到以假乱真的程度。

思考题

1. 简述计算机辅助汽车造型设计的概念并分析其对汽车造型的影响。
2. 简述计算机辅助汽车造型设计的创作过程与方法。

第7章
Chapter 7

空气动力学与汽车造型

7.1 汽车空气动力学的定义

汽车在路面上行驶时，除了受到路面作用力外，还受到周围气流的各种力和力矩对它的作用，研究这些力的特性及其对汽车性能所产生的影响的学科称为汽车空气动力学。如图 7-1 所示为利用空气动力学设计的汽车。

图 7-1　用空气动力学设计的汽车

汽车空气动力学是研究汽车与周围空气在相对运动时两者之间相互作用力的关系及运动规律的学科，它属于流体力学的一个重要部分。汽车空气动力学主要是应用流体力学的知识，研究汽车行驶时，即与空气产生相对运动时，汽车周围的空气流动情况和空气对汽车的作用力（称为空气动力），以及汽车的各种外部形状对空气流动和空气动力的影响。

下面了解一下空气阻力。众所周知，车速越快阻力越大，空气阻力与汽车速度的平方成正比。如果空气阻力占汽车行驶阻力的比率很大，会增加汽车燃油消耗量或严重影响汽车的动力性能。据测试，一辆以 100km/h 速度行驶的汽车，发动机输出功率的 80% 将被用来克服空气阻力。减少空气阻力就能有效地改善汽车的行驶经济性，因此轿车的设计师非常重视空气动力学。在介绍轿车性能的文章中经常出现的"空气阻力系数"就是空气动力学的专用名词之一，也是衡量现代轿车性能的参数之一。

7.2 汽车空气动力学发展史概述

自从世界上有了第一辆汽车以后，德国就在航空风洞中进行了车身外形实验研究。后来德国人贾莱·克兰柏勒提出前圆后尖的水滴状最小空气阻力造型设计方案，从而找到了解决形状阻力的途径。美国人 W.Elay 于 1934 年用风洞测量了各种车身模型的空气阻力系数。法国人 J.Andreau 则提出了汽车表面压差阻力的概念，并研究了侧风稳定性。20 世纪 40 年代，另一位法国人 L.Romani 对诱导阻力进行了研究。60 年代初，英国人 White 通过风洞试验提出了估算空气阻力系数的方法。到了 70 年代，汽车空气动力学才真正成为一门独立学科。我国是在 80 年代才较为系统地研究汽车空气动力学的。

考察轿车车型的发展史，从 20 世纪初的福特 T 型箱式车身到 30 年代中的甲壳虫型车身，从甲壳虫型车身到 50 年代的船型车身，从船型车身到 80 年代的楔型车身，直到今天的轿车车身模式，每一种车身外形的出现都不是某一时期单纯的工业设计的产物，而是伴随着现代空气动力学技术的进步而发展的。空气阻力系数在过去的轿车手册中从未出现过，今天则是介绍轿车的常用术语之一，成为人们十分关注的一个参数了。如图 7-2 所示为轿车外形的发展史和空气动力学的关系。

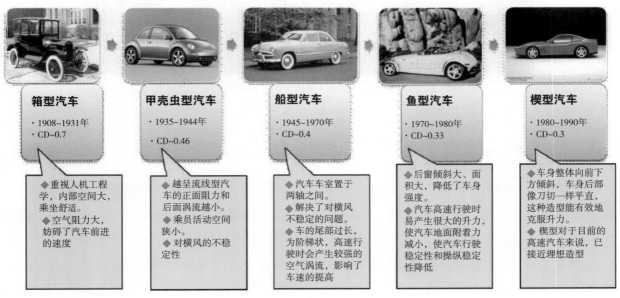

箱型汽车	甲壳虫型汽车	船型汽车	鱼型汽车	楔型汽车
·1908~1931年 ·CD~0.7	·1935~1944年 ·CD~0.46	·1945~1970年 ·CD~0.4	·1970~1980年 ·CD~0.33	·1980~1990年 ·CD~0.3
◆重视人机工程学，内部空间大，乘坐舒适。 ◆空气阻力大，妨碍了汽车前进的速度	◆越呈流线型汽车的正面阻力和后面涡流越小。 ◆乘员活动空间狭小。 ◆对横风的不稳定性	◆汽车车室置于两轴之间。 ◆解决了对横风不稳定的问题。 ◆车的尾部过长，为阶梯状，高速行驶时会产生较强的空气涡流，影响了车速的提高	◆后窗倾斜大、面积大，降低了车身强度。 ◆汽车高速行驶时易产生很大的升力，使汽车地面附着力减小，使汽车行驶稳定性和操纵稳定性降低	◆车身整体向前下方倾斜，车身后部像刀切一样平直，这种造型能有效地克服升力。 ◆楔型对于目前的高速汽车来说，已接近理想造型

图 7-2 轿车外形的发展史和空气动力学的关系

在 20 世纪 60 年代，赛车工程师们开始认真对待空气动力学。他们发现如果将轿车后背的斜度减小到 20° 或更小的话，气流就会非常平稳地流过车顶线，从而大大减小了阻力。他们将这种设计命名为"斜背式车身"。这种关注的结果是很多赛车都增加了一个比较夸张的长长的尾翼，并把后背的高度降低了，如 1978 年的保时捷 35 Moby Dick。

对于一辆三厢式轿车，气流会直接从车顶线的尾部离开轿车。而后挡风玻璃的突然下降会在周围的区域形成低压，这就吸引了一些气流重新流入该区域进行补充，并因此形成了湍流。而湍流总是会损害到阻力系数的。

然而，这依然比可能出现在三厢式车身和斜背式车身之间的一些情况要好。如果后挡风玻璃的斜度为 30°～35° 的话，气流就会变得非常不稳定，而这将极大地损害到高速行驶时车辆的稳定性。在过去，轿车厂商对此知之甚少，所以生产了很多类似的轿车。

目前世界上许多公司都在汽车空气动力学研究方面进行了探索与竞争，并且大都实力雄厚、各有建树。美国几乎各大汽车公司都有自己的飞机制造子公司。通用有休斯飞机公司，克莱斯勒有湾流公司。现在世界上计算空气动力学的一流水平当属美国 NASA。NASA 在飞行器计算空气动力学方面拥有一流的学术、研究和应用水平，并且在不断更新其巨型机。许多高超音速空气动力试验无法进行，就是用计算机进行模拟。如图 7-3 所示为空气动力学测试计算机模拟图。

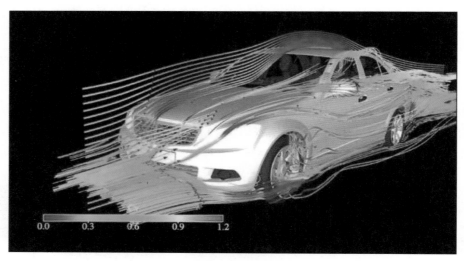

图 7-3　空气动力学测试计算机模拟图

7.3　汽车空气动力学试验与汽车受力

进行汽车空气动力学试验的主要设施是汽车风洞，汽车工程需要通过风洞试验解决的主要问题可以归纳成如下几个方面：空气动力稳定性、升力、空气阻力、通风、气流噪声、污染发动机和传动装置的散势、风窗雨刮器的功能、汽车的气候环境适应性等。如图 7-4 所示为汽车风洞试验。

一辆轿车的气动效率是由其阻力系数（CD）所决定的。而阻力系数与面积无关，它仅仅是反映出物体的形状对于气动阻力的影响。理论上来讲，一个圆形平板的阻力系数为 1.0，但是如果考虑到其边缘周围的湍流效应，它的阻力系数将会变为 1.2 左右。气动效率最高的形状是水滴，它的阻力系数只有0.05。不过，我们不可能制造出一辆水滴形状的轿车。一辆典型的现代轿车的阻力系数大致为 0.3。

汽车在行驶中由于空气阻力的作用，围绕着汽车重心同时产生纵向、侧向和垂直三个方向的空气动力，对高速行驶的汽车都会产生不同的影响，其中纵向空气力量是最大的空气阻力，大约占整体空气阻力的 80% 以上。它的系数值是由风洞测试得出来的，与汽车上的合成气流速度形成的动压力有密切关系。当车身投影尺寸相同，车身外形的不同或车身表面处理的不同而造成空气动压值不同，其空气阻力系数也会不同。由于空气阻力与空气阻力系数成正比关系，现代轿车为了减少空气阻力就必须要考虑降低空气阻力系数。从 20 世纪 50~70 年代初,轿车的空气阻力系数维持在 0.4 ～ 0.6 之间。70 年代能源危机后,各国为了进一步节约能源、降低油耗,都致力于降低空气阻力系数,现在的轿车空气阻力系数一般在 0.28 ～ 0.4 之间。

图 7-4　汽车风洞试验

　　轿车外形设计为了减少空气阻力系数,现代轿车的外形一般用圆滑流畅的曲线去消隐车身上的转折线。前围与侧围、前围、侧围与发动机罩、后围与侧围等地方均采用圆滑过渡,发动机罩向前下倾,车尾后厢盖短而高翘,后冀子板向后收缩,挡风玻璃采用大曲面玻璃,且与车顶圆滑过渡,前风窗与水平面的夹角一般在 25° ～ 33° 之间,侧窗与车身相平,前后灯具、门把手嵌入车体内(图 7-5 和图 7-6),车身表面尽量光洁平滑,车底用平整的盖板盖住,降低整车高度等,这些措施有助于减少空气阻力系数。在 80 年代初问世的德国奥迪 100C 型轿车就是最突出的例子,它采用了上述种种措施,其空气阻力系数只有 0.3,成为当时轿车外形设计的最佳典范。

图 7-5　汽车把手在外阻力较大

图 7-6　汽车把手在内阻力较小

7.3.1　汽车阻力

　　汽车在行驶时不可避免地会产生阻力，阻力的大小是与阻力系数（也叫牵引系数、风阻系数）、正面接触面积和车速的平方成比例的。在数据研究中发现，一辆时速 120 英里的轿车所遇到的阻力是一辆时速 60 英里的轿车的 4 倍。如果不改变一辆轿车的形状，而将其最高时速从 180 英里提高到 200 英里的话，则需要将其最大输出功率从 390 马力提升到 535 马力。如果宁愿把时间和资金花在风洞的研究上，只要将其阻力系数从 0.36 降低到 0.29 就能够达到同样的效果，所以在很多厂商中普遍认同改善空气动力性能常常是性价比最高的方法。概括来说按产生阻力的方向划分汽车空气动力（阻力）主要包括图 7-7 所示的几个方面。

图 7-7　汽车空气动力（阻力）的组成

　　空气阻力（如图 7-8 所示为行驶中的汽车空气阻力）是空气动力学中最主要的分支，所谓的空气动力学研究的是可观察到的在物体周围或通过物体的气流活动的全部过程。

图 7-8　行驶中的汽车空气阻力

　　汽车在行驶过程中，按产生阻力的原理，空气阻力由以下 4 部分组成。

　　（1）形状阻力。

　　当汽车行驶时，气流流经汽车表面的过程在汽车表面局部气流速度急剧变化部位会产生涡流，涡流产生意味着能量的消耗，使运动阻力增大，汽车在前窗下凹角处、后窗和行李箱凹角处，以及后部尾流都出现了气流分离区，产生涡流，即形成负压，而汽车正面是正压，所以涡流引起的阻力也称压差阻力，又因为这部分阻力与车身形状有关，也称形状阻力，它占整个阻力的 58%。

　　对于运动的物体，分离现象产生越晚，空气阻力越小，所以在设计上力求将分离点向后推移。在一定形体上作局部调整即可推迟涡流的生成，从而减少形状阻力。

　　（2）摩擦阻力。

　　汽车空气阻力中的摩擦阻力是由于空气的黏性在车身表面上产生的切向力造成的。空气与其他流

体一样都具有黏性，当气流流过平板时，由于黏性作
用，空气微团与平板表面之间发生摩擦，这种摩擦阻碍
了气体的流动，形成一种阻力，称为摩擦阻力。

（3）干扰阻力。

干扰阻力是车身外面的凸起物例如后视镜（如图
7-9所示的后视镜采用V形有效地降低了阻力）、流水
槽、导流板、挡泥板、天线、门把手、底盘下面凸出零
部件等所造成的阻力，占总阻力的14%。

（4）内循环阻力。

内循环阻力是指为了发动机冷却和乘坐舱内换气而
引起空气气流通过车身的内部构造所产生的阻力，它占总阻力的12%。

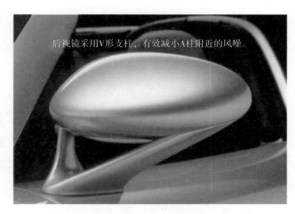

图7-9 后视镜采用V形有效地降低了阻力

7.3.2 汽车升力

另一个重要的空气动力学因素是升力。由于轿车顶部的气流移动的距离要长于轿车底部的气流，
所以前者的速度会比后者快。根据柏努利（瑞士物理学家）原理，速度差会在上层表面产生一个净负
压，将其称为"升力"。

像阻力一样，升力也是与面积（是表面积而不是正面面积）、车速的平方和升力系数（Cl）成比例
的，而升力系数是由形状决定的。在高速行驶时，升力可能会被提升到一个足够高的程度，从而让轿
车变得很不稳定。升力对于车尾的影响更为重要，这一点很好理解，因为后挡风玻璃的周围存在一个
低压。如果升力没有被充分抵消，后轮就很容易发生滑移，这对于一辆以时速160英里飞驰的轿车来
说是很危险的。

一般随车身底部离地高度的增加，气动阻力系数有所减小，但高度过小，将增加气动升力，影响
操纵稳定性及制动性；另外，确定离地高度时，还要考虑汽车的通过性和汽车重心高度。车身底部纵
倾角对气动阻力影响较大，纵倾角越大，气动阻力系数越大，故底板应尽量具有负的纵倾角，将底板
做成前低后高的形状有利于减小气动升力。车身底板适度的纵向曲率（用弯度线和直线的最大高度差
与直线长度之比为弯度来描述）可以降低平均压力，相应地减小气动升力；适度的车身底板横向曲率
可以减小气动阻力，但太大，可能引起底部横向气流与侧面气流相干扰。合适的后部离去角，也可能
减小空气阻力。

就这个方面来讲，斜背式车身是非常不利的，因为它与气流接触的表面积非常大。看起来良好的
阻力和良好的升力是互相排斥的，不可能同时拥有它们。不过，由于过去我们对空气动力学进行了更
多的研究，所以还是发现了一些办法，尽量追求二者兼顾。

7.4 汽车空气动力学外形影响因素

车头造型中影响汽车空气动力学性能的因素很多，如车头边角、车头形状、车头高度、发动机罩
与前风窗造型、前凸起唇及前保险杠的形状与位置、进气口大小和格栅形状等。车头边角主要是指车

头上缘边角和横向两侧边角。对于非流线型车头，存在一定程度的尖锐边角会产生有利于减少气动阻力的车头负压区；车头横向边角倒圆角，也有利于产生减小气动阻力的车头负压区，圆角与阻力的关系 $r/b=0.045$（r 为车头横向边角倒圆角半径，b 为车宽）时，即可保持空气流动的连续；整体弧面车头产生的气动阻力比车头边角倒圆产生的气动阻力小；车头头缘位置较低的下凸型车头的气动阻力系数最小。但气动阻力系数不是越低越好，因为低到一定程度后，车头阻力系数不再变化，车头头缘的最大离地间隙越小，则引起的气动升力越小，甚至可以产生负升力。增加下缘凸起唇，气动阻力变小，减小的程度与唇的位置有关。

发动机罩与前风窗的设计可以改变再附着点的位置，从而影响汽车的气动特性。发动机罩的纵向曲率越小（目前采用的纵向曲率大多为 0.02m），气动阻力越小；发动机罩的横向曲率也有利于减小气动阻力。发动机罩具有适当的斜度（与水平面的夹角）对降低气动阻力有利，但如果斜度进一步加大，则降阻效果不明显。风窗玻璃纵向曲率越大越好，但不宜过大，否则将导致视觉失真、刮雨器刮扫效果变差；前风窗玻璃的横向曲率也有利于减小气动阻力；前风窗玻璃的斜度（与垂直面的夹角）小于 30° 时，降阻效果不明显，但过大的斜度将使视觉效果和舒适性降低；前风窗斜度等于 48° 时，发动机罩与前风窗凹处会出现明显的压力降，因而造型设计时应避免出现这个角度；前风挡玻璃的倾斜角度（与垂直面的夹角）增大，气动升力系数略有增加。发动机罩与前风窗的夹角及结合部位的细部结构对气流也有重要影响。汽车前端形状对汽车的空气动力学性能具有重要影响。前端凸且高，不仅会产生较大的气动阻力，而且还将在车头上部形成较大的局部负升力区。具有较大倾斜角度的车头可以达到减小气动升力乃至产生负升力的效果。

前立柱上的凹槽、小台面和细棱角处理不当，将导致较大的气动阻力、较严重的气动噪声和侧窗污染，因此应设计成圆滑过渡的外形。英国的 White 于 1967 年根据试验结果对气动阻力影响最关键的车身外形参数进行分级，具有重大的实际指导作用。轿车侧壁略外鼓，将增加气动阻力，但有利于降低气动阻力系数；外鼓系数（外鼓尺寸与跨度之比）应避免处于 0.02 ~ 0.04。顶盖有适当的上扰系数（上鼓尺寸与跨度之比），有利于减小气动阻力，综合气动阻力系数、气动阻力、工艺、刚度和强度等方面的因素，顶盖的上扰系数应在 0.06 以下。对阶背式轿车而言，客舱长度与轴距之比由 0.93 增至 1.17，会较大程度地减小气动升力系数。但发动机罩的长度与轴距之比对气动升力系数影响不大。

车身主体与车轮之间存在很大的相互干涉（如图 7-10 所示为车身主体与车轮之间产生的阻力）。$h/D<0.75$ 时，h/D 越大，则气动阻力系数和气动升力系数越小；$h/D=0.75$ 时，气动阻力系数和气动升力系数最小；$h/D>0.75$ 时，气动阻力系数回升。适度加宽轮胎对气动阻力系数有利，但不宜过宽，存在一个最佳宽度。不同形状的车轮辐板及车轮辐板上开孔面积的布置方式对气动性能有很大影响，在总开孔面积相同的情况下，适当增加开孔数有利于改善气动性能。

改善汽车空气动力学性能，除了优化汽车造型之外，人们也在寻求其他方法。虽然低阻汽车的动力性和经济性得以提高，但任何事物都有两面性。对于流线型汽车，随着横摆角的变化，阻力系数有很大变化，即低阻汽车的侧风稳定性差。汽车设计中必须综合各方面因素，权衡利弊，才能设计出高性能的汽车。如图 7-11 所示为综合各方面因素设计出的汽车。

图 7-10 车身主体与车轮之间产生的阻力

图 7-11 综合各方面因素设计出的汽车

7.4.1 尾翼（后扰流板）

在 20 世纪 60 年代早期，法拉利的工程师们发现通过在轿车的尾部增加一个气翼（简单地将其称为"尾翼"）可以大幅度减小升力甚至产生一个完全向下的压力。同时，阻力只是略微有所增加。在轿车行李箱盖上后端做成像鸭尾似的突出物，将从车顶冲下来的气流阻滞一下形成向下的作用力，这种突出物称为后扰流板。

尾翼的作用是引导大部分的气流直接离开车顶而不发生回流，这就会使升力减小（如果加大尾翼的角度，甚至可能产生 1000kg 向下的压力）。当然，依然会有一小部分气流会回流到背部并从尾翼下的车尾处离开。这就避免了在非斜背式轿车上出现的湍流，并因此保持了阻力效率。由于只有很少的空气沿这个路线流动，所以它们对于升力的影响可以轻松地被尾翼消除。

为了受益于绝大部分的气流，尾翼安装的位置必须比较高。第一辆安装尾翼的轿车是 1962 年生产的法拉利 246SP 长距离赛车。仅仅一年以后，法拉利 250GTO 道路用车就加入了这一行列，安装了一个小型的鸭尾式尾翼，这当然是第一辆安装尾翼的道路用车。然而，尾翼并没有因此就流行开来，直到 1972 年保时捷发布了其 911RS2.7 情况才有了转机，该车巨大的鸭尾式尾翼将高速行驶时的升力减小了 75%。仅仅一年以后，保时捷 RS3.0 就开始使用一个鲸尾式尾翼，这种尾翼可以将升力完全消除掉，它也因此成为了此后所有保时捷 911 轿车的标志。

这种扰流板是人们受到飞机机翼的启发而产生的，就是在轿车的尾端上安装一个与水平方向呈一定角度的平行板，这个平行板的横截面与机翼的横截面相同，只是反过来安装，平滑面在上，抛物面在下，这样车子在行驶中会产生与升力同样性质的作用力，只是方向相反，利用这个向下的力来抵消车身上的升力，从而保障了行车的安全。这种扰流板一般安装在时速比较高的轿跑车上。如图 7-12 和图 7-13 所示为奥迪汽车和奔驰汽车的尾翼。

车身尾部造型中影响气动阻力的因素主要有后风窗的斜度（后风窗弦线与水平线的夹角）与三维曲率、尾部造型式样、车尾高度及尾部横向收缩。后风窗斜度对气动阻力的影响较大，对斜背式轿车，斜度等于 30° 时，阻力系数最大；斜度小于 30° 时，阻力系数较小。后挡风玻璃倾斜角一般以控制在 25° 之内为宜；后风窗与车顶的夹角为 28° ~ 32° 时，车尾将介于稳定和不稳定的边缘。典型的尾部造型有斜背式、阶背式和方（平）背式。由于具体后部造型与气流状态的复杂性，一般很难确切地断言尾部造型式样的优劣，但从理论上说，小斜背（角度小于 30°）具有较小的气动阻力系数。流线型车尾的汽车存在最佳车尾高度，此状态下，气动阻力系数最小，此高度需要根据具体车型及结构要求而定。后车体横向收缩可以减小截面面积，一定程度的后车体的横向收缩对降低气动阻力系数有益，但过多的收缩会引起气动阻力系数增加。收缩程度因具体车型而定。车尾最大离地间隙越大，车尾底部的流线越不明显，则气动升力越小，甚至可以产生负升力。长尾车可能产生较大的横摆力矩，而切尾的快背式汽车的横摆力矩并不大，可以通过加尾翼减小横摆力矩，改善汽车的操纵稳定性。

图 7-12　奥迪汽车的尾翼

图 7-13　奔驰汽车的尾翼

扰流器的应用有三种方式：一般轿车、高性能轿车、超级跑车。

第一种在一般轿车中比较常见，其断面一般样式为比较圆滑的锐三角形，同时就像前面说的，很多两厢车辆都会原车配备，而同时那些尾部线条非常陡峭的三厢车型也会有配备，当然很多汽车在外形设计的时候就已经将扰流板设计进车体了，你是否注意过很多三厢车在尾部结束部分有微微的上翘？而它们的作用主要是组织通过车体的气流在尾部发生高速下沉，从而减少车尾所受到的上升力，这种扰流器就是所谓的扰流板。如图 7-14 和图 7-15 所示为福克斯的车顶扰流板。

图 7-14　福克斯的车顶扰流板（一）

图 7-15　福克斯的车顶扰流板（二）

第二种一般在高性能轿车上比较常见，样子就像第一种扰流板的倒置，而它的作用主要是让气流按照扰流板迎风面的倾斜角度流向车尾斜上方，从而在减少车尾升力的前提下同时增加车尾所受到的下压力。而对于很多高性能轿车来说，这种样式的扰流板可以和车尾的曲线融为一体，也就是所谓的美观，而这种扰流器也就是所说的车尾翼。如图7-16和图7-17所示为奔驰SLS车尾翼和宝马M3车尾翼。

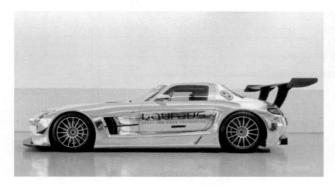

图 7-16　奔驰 SLS 车尾翼

图 7-17　宝马 M3 车尾翼

　　还有一种，喜欢超跑的人都会很熟悉，样式一般是一个很薄很长的方形板子，而它的两端会有一个下沉角度和收缩角度。而很多超跑会通过对车翼与车体之间的间隙调整而达到不同时速下获得适合这一时速所需要的最佳下压力，而这种设计完全模糊了尾翼与扰流板之间的定义，你是否见过布加迪威龙的那个机械式升降的尾翼（图7-18）。

7.4.2　扰流器

　　扰流器是改变车身下面气流的空气动力学装

图 7-18　布加迪威龙可以机械式改变尾翼高度

备。我们将安装在前保险杠底部边缘的扰流器称为"下颚扰流器"或者"气坝"，而将安装在车身两侧底部边缘的扰流器称为"侧裙"。要了解扰流器的原理，必须先谈谈车身下面的气流。

　　车身下面的气流总不是我们希望存在的。在轿车车身的下面有很多暴露在外的组件，如发动机、变速箱、传动轴、差速器等。这些设备会阻碍气流，不仅仅造成增大阻力的湍流，还会因使气流慢下来而增大升力。

　　扰流器通过促进空气从车身两侧离开达到减小车身下面气流的目的，其结果是减小了因车身下面的气流造成的阻力和升力。一般来说，扰流器安装的位置越低，能达到的效果就越好。因此你会发现长距离赛车的扰流器几乎是擦着地面的。

　　扰流器通过对流场的干涉调整汽车表面压强分布，以达到减小气动阻力和气动升力的目的。前扰流器（车底前部）的适当高度、位置和大小对减小气动阻力和气动升力至关重要。目前，大多将前保险杠位置下移并加装车头下缘凸起唇，以起到前扰流器的作用（如图7-19所示为汽车前扰流器）。后扰流器（车尾上部）的形状、尺寸和安装位置对减小气动阻力及气动升力也非常重要，但后扰流器对气流到达扰流器之前就已分离的后背无效。有的把天线外形设计成扰流器，装在后风窗顶部；在赛车上设计前后负升力翼，以抵消部分升力，从而改善汽车转向轮的附着性能。

图 7-19　汽车前扰流器

奥迪 R8 通过车身上的扰流件和车底的气流扩散器增强下压力。当车速高于 120km/h 时车尾的扰流板开始打开，当车速降低到 35km/h 时自动收回，车主也可以通过车内的按钮控制扰流板的开闭。扰流板收起时虽然没有增加下压力的作用，但能增加车尾散热格栅处的空气流速。金属底板上设置了大量的气流引导部件，它们能增加气流的流速，在车身和地面之间形成低压，使车身将轮胎紧紧地压在赛道上。如图 7-20 所示为奥迪 R8 的扰流器示意图。

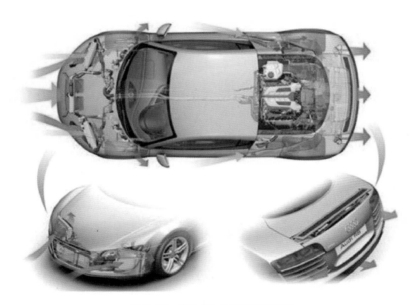

图 7-20　奥迪 R8 的扰流器示意图

7.4.3　车身下面的光滑底板

还有一种减小车身下面气流影响的办法，那就是用一个光滑的底板将轿车的下面全部覆盖，这可以避免湍流和升力。如图 7-21 所示为奔驰汽车车身下面降低阻力的光滑底板。

图 7-21　奔驰汽车车身下面降低阻力的光滑底板

7.4.4 地面效应

对于赛车工程师们来说，尾翼可能是对付升力的好办法，但距离他们真正想要的效果还很遥远。典型的一级方程式赛车转弯时的加速度大约是 4g，这需要巨大的向下的压力保持轮胎紧贴赛道的地面。当然，安装一个角度很大的巨大尾翼可以满足这种需求，不过同时也会损害到阻力系数。

在 20 世纪 70 年代，考林·查普曼发明了一种全新的概念，在提供向下的压力的时候并不会改变阻力的大小，这种概念就是"地面效应"。他在自己的莲花 72 赛车的底部安装了一个空气通道。通道在前面的部分相对狭窄，但在向车尾延伸的同时不断扩大。由于赛车的底部几乎是触地的，所以通道和地面实质上形成了一个封闭的管道。当赛车飞驰时，空气从车头进入，然后线性扩散到车尾。显然，接近车尾处的气压会降低，从而产生了向下的压力。

与尾翼相比，地面效应的优势非常明显，所以很快一级方程式赛车就禁止使用地面效应了。1978年，Brabham 车队的戈登·默里又尝试使用扩散通道之外的其他方式，他使用了一个大功率的风扇在接近车尾的地方产生向下的压力。当然，这种创新又一次在一级方程式赛车中被禁止了。

地面效应对于道路用车来说不太合适，因为它要求车身底部特别贴近地面才能形成一个封闭的管道。对于赛车来说，这没有任何问题。但是道路用车需要留出高很多的离地间隙以适应不同的起伏路面、爬坡和下坡路面等。这种较高的离地间隙会大大减小地面效应的效力。

7.4.5 导流板

为了减少轿车在高速行驶时所产生的升力，汽车设计师除了在轿车外形方面做了改进，将车身整体向前下方倾斜而在前轮上产生向下的压力，将车尾改为短平，减少从车顶向后部作用的负气压而防止后轮飘浮外，还在轿车前端的保险杠下方装上向下倾斜的连接板。连接板与车身前裙板连成一体，中间开有合适的进风口加大气流度，减低车底气压，这种连接板称为导流板。

总之，减少气动阻力系数的措施包括以下几个方面。

（1）光顺车身表面的曲线形状，消除或延迟空气附面层剥离和涡流的产生。

（2）调整迎面和背面的倾斜角度，使车头、前窗、后窗等造型的倾斜角度有效地减少阻力、升力的产生。

（3）减少凸起物，形成平滑表面，如门手柄改为凹式结构，刮水器改为内藏式，车身侧面窗玻璃与窗框齐平，玻璃表面和车身整体表面平滑。

（4）设计空气动力附件，整理和引导气流流向，如设前阻流板、后扰流板或气流导向槽等。

7.5 空气动力学影响汽车外形设计具体实例解析

7.5.1 经典跑车：法拉利恩佐（Ferrari Enzo）空气动力学外形分析

恩佐是超跑中的一个特例（如图 7-22 所示），它不仅仅是将扰流板放置于车体车侧，同时底盘上也有着诸多的扰流措施，还有经典的可变扰流部件。而这些让人看着眼花缭乱的扰流部件设计给这辆很多人看着有些其貌不扬的超级跑车带来了在增加下压力的同时不增加空气阻力的效果。

要达到这种效果是很麻烦的一件事，通过传统的扰流措施很难达到，因为在增加下压力的同时不增加空气阻力是对立的两种设计，法拉利的工程师为恩佐开发了一套主动的集成空气动力学套件，让两种对立的设计存在于同一套扰流部件之中，而其主要结构为获得高下压力的扰流部件结构以及获得更高时速的部件结构。如图 7-23 和图 7-24 所示为恩佐的鼻翼，如图 7-25 所示为恩佐的各种扰流设计。

图 7-22　法拉利恩佐

图 7-23　恩佐的鼻翼（一）

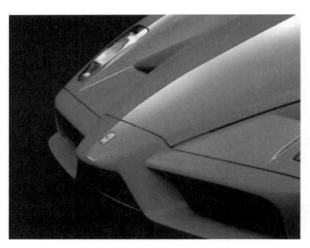

图 7-24　恩佐的鼻翼（二）

图 7-25　恩佐的各种扰流设计

该车可以通过对气流的控制在各种情况下在非常短的时间内连续不断地对扰流板进行调整来获得最佳的气流需求，比如在 200km/h 时速下得到 344kg 的下压力，在 300km/h 的时速下得到 755kg 的下压力，而随着时速的不断提升，将下压力比例性地降低，以达到更高时速。

而达到这种情况主要是通过其车鼻下的副翼和后尾翼以及底盘部分的两块空气导流部件来对气流的流速、方向等进行控制，而得到下压力或者高速行驶的低风阻效果。如图 7-26 和图 7-27 所示为法拉利恩佐的车尾和恩佐的车底扰流板设计。

7.5.2　F1 赛车外形空气动力学分析

F1 赛车和民用车最大的不同在于空气动力学的应用，它可将赛车压在赛道上使轮胎获得更大的抓地力，进而在弯道时产生更快的加速度，空气动力学设计师关心两个问题：一是让赛车产生足够的下压力，二是减少高速时的空气阻力。赛车的前风翼可以提供总下压力的 30%，还有底盘也很重要。对付浮升力的方法，一个是可以在车底使用扰流板，另一个主流的做法是在车头下方加装一个坚固而比车头略长的阻流器，它可以将气流引导至引擎盖上，或者穿越水箱格栅和流过车身至于车尾部分。如图 7-28 所示为 F1 赛车外形空气动力学分析。

图 7-26　法拉利恩佐的车尾

图 7-27　恩佐的车底扰流板

　　一般的轿车、商用汽车在空气动力学设计方面主要考虑降低气动阻力，节省燃油消耗，当然还要考虑其气动稳定性方面的问题。而在赛车领域，落后 1/10s 就可能和胜利失之交臂。所以车队对于赛车的空气动力学套件无休止地进行精雕细琢也就不足为奇了。

图 7-28　F1 赛车外形空气动力学分析

7.5.3　空气动力学与商用卡车外形设计

　　2008 年 5 月 30 日，在意大利南部著名的 Nardo 高速环形赛道，一台总重为 40t 的新款奔驰 Actros 1844 LS 半挂车创造了一项新的吉尼斯世界纪录：世界上油耗最少的 40t 重卡。经过 12728km 的测试下来，其百公里平均油耗达到让人惊讶的 19.44L！

　　取得这个惊人的成绩，除了卡车优秀的综合性能以外，良好的空气动力学设计也是主要功臣之一。这台 Actros 卡车的主要空气动力套件有与挂车货箱几乎平行的车顶导流罩、侧导流罩、侧裙板以及挂车裙板，平滑的复合板货箱也为降低风阻作出了贡献。这些东西的组合让这台半挂 Actros 车身相当平整，很少有形成紊流区的地方。

　　商用卡车设计的过程中，必不可少的一项工作就是风洞试验，通过它能知道车辆风阻到底有多大，什么地方会形成紊流，以便于以后的修改，而在国内，相当多的卡车厂家开发新车的时候都去关注整车的可靠性、如何降低生产成本等大问题去了，而忽略了车辆的空气动力学这个能有效降低油耗的细节。如图 7-29 所示为福莱纳卡车进行风洞试验，强有力的大功率风扇能模拟卡车在高速行驶中所遇到的风力。如图 7-30 所示，通过白色烟雾能让设计人员清楚地看到气流通过车身时的动向，同时也能在第一时间发现有紊流产生的地方。

图 7-29　福莱纳卡车风洞试验

图 7-30　白色烟雾发现有紊流产生的地方

也许看到这里有人会问，空气动力又摸不着，在现实生活中如何知道卡车的空气动力学好坏，其实很简单，从一些细节就可以看出一台车的空气动力学设计是否良好。其中最简单的方法就是看在雨中行驶过后的卡车车门的泥水走向，目前绝大多数卡车制造商都在发动机进气格栅旁边设计了风向导流槽，其最主要的作用就是利用行驶过程中产生的风力将车轮溅起的泥水吹走，而不让污物弄脏车门把手，这个导流槽是要经过风洞实验才能获得准确的导流角度的，而国内相当多的厂家都把这个东西作为一个摆设，起不到实质性的作用。如图 7-31 所示为沃尔沃卡车车门上的泥水走向，通过设计有效利用了风力，保持了车门把手的干净。仔细观察，能看见沃尔沃卡车大灯旁边有一条细长的风槽，行驶过程中迎面的风力有一小部分通过它集中到一起吹向车门。

斯堪尼亚卡车通过进气格栅旁边的风向导流槽保持车门把手的干净，可以清楚地看见每个槽块的形状都不一样（如图 7-32 和图 7-33 所示为卡车格栅导流槽设计）。一般来说，减少风阻的空气动力套件如图 7-34 所示。

图 7-31　沃尔沃卡车

图 7-32　卡车格栅导流槽设计（一）

降低卡车阻力的办法有以下几种。

（1）车顶导流罩。在驾驶室与车厢之间实现很好的空气导流作用，可以显著减少卡车的空气阻力。

（2）侧导流罩。缩短车头与挂车车厢的距离，同时也减少两者之间紊流的产生。

（3）侧裙板。利用横向风减少卡车的空气阻力。

（4）挂车侧裙板。在国内不太实用的东西，其作用是与挂车车厢形成一个整体，减小风阻。

图7-33 卡车格栅导流槽设计（二）

图7-34 减少风阻的空气动力套件

经过德国 MAN 公司的测试，使用合适的空气动力套件能够有效地降低油耗，例如将车顶导流罩调到最佳位置（同挂车车厢几乎平齐）与侧裙板搭配使用，油耗可降低大约 1.5L/100kW。

油价不断上涨，科学地利用空气动力学对于商用车辆造型来说越来越重要，多数厂家通过附加设备来改善风阻，而利用空气动力学套件来降低风阻及燃油消耗的卡车将成为以后的发展趋势。

随着汽车工业的发展与汽车行驶速度的日益提高，汽车空气动力学亦越来越受到重视，其研究工作日益深入，汽车空气动力学已发展成为流体力学的一个重要分支学科。汽车空气动力学与航空、船舶、铁路车辆在研究流场、空气动力学方面有许多相似之处，但是汽车行驶在地面上是种钝头体，汽车行驶状态异常复杂，因而汽车空气动力学亦区别于上述分支学科，具有自身的特点。例如，汽车空气动力学与航空空气动力学有着非常相似之处，都需要降低气动阻力并保持行驶稳定性或飞行稳定性，从而得到良好的行驶性能或飞行性能。另外，航空动力学仅承受空气动力学；汽车行驶在地面上，除了空气动力学外，还受到地面传来的各种力，汽车底部的气流状况与飞机底部完全不同；汽车与飞机在处理升力问题上差别很大；此外飞机速度接近或超过声速，而汽车的速度远小于声速，在研究空气动力性质和基本假设上是不同的。

思考题

1. 汽车空气动力学外形影响因素有哪些？请详细分析。

2. 任举一汽车实例试分析其空气动力学对汽车外形的影响。

第8章
Chapter8

汽车的造型设计程序

在整个汽车研发的流程中，造型设计是新车型诞生的关键之一，如同人体中不可分割的某些器官一样。每一款车型的诞生都蕴含着设计师与工程师的智慧和汗水；世界各国的品牌名车，造型各有千秋，每一款设计都渗透着不同的地域文化、蕴含着丰富的人文精神；优秀的造型设计，应是美学与技术的完美结合，它不但能给人以美的享受，还能提高产品的品质和品位，同时也是对企业自身设计形象的一种提升。

汽车的车身造型设计是整个设计工作最重要的内容，作为现代化的大批量流水生产的产品，汽车设计的内容要求更严密，要经过一步步可靠的技术验证，否则设计中的错误或缺陷将会在批量生产中造成严重的后果。下面具体介绍汽车造型设计的基本步骤。

8.1 汽车造型项目最初策划

项目策划包括：项目计划、可行性分析、项目决策、组建项目组等几个方面。

汽车企业的产品规划部分必须做好企业产品发展的近期和远期规划，具有市场的前瞻性与应变能力。项目前期需要在市场调研的基础上生成项目建议书，明确汽车形式及市场目标。可行性分析包括：政策法规分析、竞争对手和竞争车型、自身资源和研发能力的分析等。

项目论证要分析与审查论点的可行性和论据的可靠性与充分性。经过这一阶段，要开发一个什么样的车型、类似于同行什么等级的车型、其性价比方面有哪些创意与特点即展现在我们的眼前。

项目策划的最后阶段是组建项目组：组建新品开发项目小组、确立项目小组成员的职责、制定动态的项目实施计划、明确各阶段的项目工作目标、规定各分类项目的工作内容、计划进度和评价要求。

8.2 汽车造型前期调研

前期调研是开发设计的必要条件和充分条件，没有前期的调查，无法决定人群的需求和市场的供求量。产品规划前期，对所要开发的车型都要有详尽的技术与相关因素的资料收集，这样设计师对即将进行的造型构思和风格定位以及功能定位更容易把握，以使得新造型尽可能被目标客户群接受。在调研的过程中，首先要对目标客户群进行认定，了解其社会价值观和需求走势；再则要明确竞争对手的研究开发目标、投资倾向、车型特征、技术含量和与己竞争的品位差距；还要调查市场车型分类、流行元素、价位取向、功能特征等方面；再则，汽车的设计制造和销售是一个庞大的网络，需要大量的资金投入，必须经过周密的调查研究与论证，不可盲目草率上马，否则会造成市场上的产品滞销，带来重大损失，使得投产后问题成堆，积重难返。表 8-1 所示为 J.D.Power 消费者心目中最佳人气的汽车品牌，图 8-2 ~ 图 8-4 所示为购买影响因素调查。

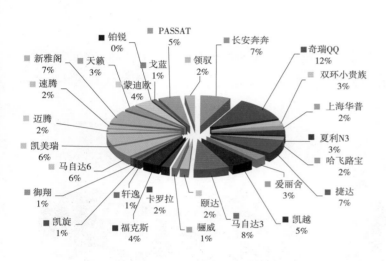

图 8-1　最佳人气的汽车品牌车型调查

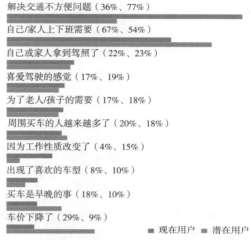

图 8-2　潜在用户与现有用户购车驱动因素对比

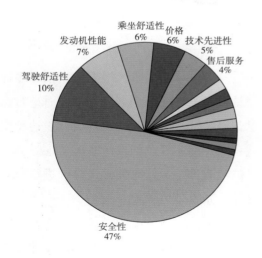

图 8-3　购车主要考虑因素

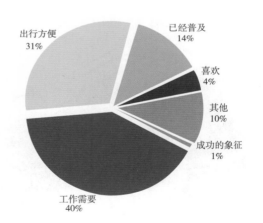

图 8-4　购买轿车的主要目的

8.3　形成汽车造型设计初步概念

任何新型轿车的构思都是建立在旧款车或者其他车辆的基础上借鉴、继承和改进而形成的，这里面包括消费者对汽车的意见和期望。每年在世界各地举办的汽车展览会、市场的信息反馈都是设计开发部门资料信息的"源泉"。新型车的开发必须经过广泛的调查，汇集各地不同人群对汽车的需求信息，才着手进行图纸设计。"信息反馈"是厂家开发新产品的依据。

造型开发的前期需要对所开发车型做市场调研，以便有针对性地规划造型定位，这个调研包含价位、目标客户群、竞争车型、流行元素等方面。在产品规划过程中，设计师了解到即将进行的造型的风格定位与功能定位有助于设计师更好地把握方向，也能使新造型尽可能被目标客户群接受，形成造型设计初步概念。

8.4　汽车造型构思理念草图

这一阶段的工作主要由设计师来完成，主要的工作任务是按照汽车设计任务书所确定的设计目标，在概念车的总布置设计所确定的尺寸和结构条件下，进行造型草图创意设计。如图 8-5 和图 8-6 所示为汽车造型构思理念草图绘制。

图 8-5　汽车造型构思理念草图绘制（一）

图 8-6　汽车造型构思理念草图绘制（二）

图 8-7　设计方案草图深入设计

（1）设计初期阶段根据造型创意多样化的设计要求，往往由多名设计师同时进行设计创意，以设计草图作为主要的设计表达和交流方式，设计部主管（如设计总监）这时会根据自己的经验选定设计方案让设计师进行草图深入设计，如图 8-7 所示。

（2）被选中方案的设计师紧接着完善自己的设计方案，这个阶段主要是以设计效果图作为设计的表达方式，设计效果图通常包括外形和内饰两部分，一般由不同的设计师分别进行设计，内饰的设计风格要求与外形设计风格相一致，以确保整车风格的统一。平面方案设计阶段的最终目的就是确定一套符合设计要求的最佳设计方案，这一阶段是整个设计开发过程中最重要的阶段，只有一套优秀的设计方案才能够开发出一辆完美的汽车。

在进行了一系列的产品前期调研、分析、评价后，可以根据调研与评价的结果，有目的、有计划地进行初期的创意构思，这个阶段会有大量的草图出现，设计师会有很多有创意的方案。因为草图阶段绘制的是概念性的朦胧的灵感性的东西，所以设计师应该用发散性的思维开启自己的设计视野，从不同角度不同观点不同设计风格上寻找灵感，这样做可以给设计师创造一个最大的自由度，可以在最大程度、最大范围内寻找设计的灵感与火花（即采用头脑风暴法进行灵感的深入发掘和集中）。然后将构思的想法进行汇总和商讨，成功的设计一定是从多元的设计脉络中萃取的精华。集思广益，确定有价值、有意义的方案，并进行草图的设计和绘制；前期草图往往有设计师的一些不确定的构思，缺乏推敲，比较随意和放松，因此接下来要对前期草图进行筛选，进行新一轮的细节深入讨论与推敲（改善），这时要考虑的问题是造型元素工程的可行性、尺寸比例关系、主要线条走势，以及各细节部位的形面关系，这些细节设计的成功与否往往决定了整个造型的成败，是设计的关键。此时绘制的草图尽可能要求透视准确、结构明确、线条干净、材质与形面的表现到位。草图是设计师的设计灵魂，设计思想的表现是设计时赋予汽车气质、品位、灵性和吸引力的关键环节。

造型构思理念草图的开始需要造型设计师根据前期输入条件进行创意构思，新颖的创意是一款车区别于另一款车的关键，体现了车的不同个性，通常新颖的创意也是汽车产品吸引消费者的亮点所在。因为汽车的开发周期相对很长，一般要 18 ~ 48 个月，即使现在技术的发展很多的过程可以被压缩或者省略，一般也需要两年左右。这就决定了现在的造型是为了在至少两年以后的市场的应用，要保证现在的创意在两年后不过时，就需要设计师必须要有敏锐的造型观察力、判断力和对流行趋势的预测能力。

汽车造型设计的草图将设计师对新车形状的构思反映在图画上，这里面的内容有整车的形状、色彩、材料质感及反光效果等，作为开发人员表述造型的构思和初步选型的参考。

表达创意最直接和快速的手段是草图，草图是设计师思维创意的快速表达。草图表现的方法多种多样，彩铅、钢笔、油性笔、马克笔、色粉和电脑辅助等都可以单独或者混合使用来表现。草图是设计师记录和推敲创意的途径，往往会充满了很多设计师的主观色彩，比较随意和放松，创意也往往是新颖别致的。

造型构思理念草图阶段主要包括以下两个方面。

（1）总体布置草图设计：绘制产品设计工程的总布置图，一方面它是汽车造型的依据；另一方面它是详细总布置图确认的基础，在此基础上将产品的结构具体化，直至完成所有产品零部件的设计。

（2）造型草图设计：包含外形和内饰设计两大部分。

设计阶段包含创意草图和效果图设计。在这一过程中，要比较竞争对手的产品，拓宽思路，勾画出多种效果图，再从中选择较为满意的几种效果图，供专家小组评审。图8-6和图8-7分别为造型设计阶段的草图与效果图。创意的过程需要全面融入产品设计与产品制造的要求，这个阶段要进行多方面的评审与修改，直到最后确定效果图方案。如图8-8所示为确定的内饰效果图方案。

图8-8　内饰效果图方案

8.5 汽车效果图深入绘制与表达

8.5.1 汽车造型设计效果图的定义

汽车造型设计效果图是把汽车造型设计计划、规划、设想通过视觉的形式传达出来的活动过程，而效果图是设计方案的其中一部分，可是，当人们谈论设计的时候，总是不知不觉地把重点放到效果图中去。汽车造型设计效果图详细解释如图 8-9 所示。

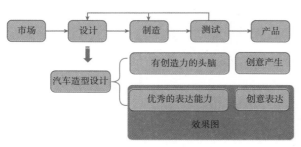

图 8-9 汽车造型设计效果图的定义

彩色效果图是从大量构思草图中筛选出的优秀的方案，进一步绘制出正规的效果图，需要有正确的透视投影和严格的比例关系，并且较好地表达汽车的质感。绘制透视图时，视点的高度最好选 1.5m 或 1.6m，以便符合成年人站立时观察事物的正常感觉。透视角度的选择：若需要表达汽车侧面，可选 30° 左右；若要表达汽车正面，可选 60° 左右；若要同时表达正面和侧面，可选 45° 左右。

效果图是用来指导油泥模型、数字模型和方案展示的，所以需要有精准的效果。比例、透视、色彩、材质都需要有准确的表达。这个时候对于草图中天马行空的创意需要有一些收敛，市场审美、价位成本、政策法规、材料工艺等都需要被考虑周全。效果图一般分为外饰、内饰和细节效果图。效果图的表现技法也多种多样，较流行的画法是马克笔、色粉的结合使用。电脑软件的应用很大程度上提高了设计的工作效率，很多设计师愿意通过电脑来完成这个步骤。

8.5.2 汽车效果图的重要性

（1）效果图是设计师的灵魂，是表达创意的最直接、最有效的方式。

（2）效果图是设计师与人沟通的工具。

（3）效果图能够帮助设计师记录稍纵即逝的灵感。

8.5.3 汽车造型效果图的特点和分类

1. 汽车效果图的表现特点

（1）准确性：准确地表达形体的透视和比例。

（2）真实性：光影、色彩等遵从现实规律。

（3）说明性：明确表达产品的色彩、质感等。

（4）艺术性：在真实的前提下适度夸张、概括和取舍。

2. 汽车造型效果图的分类

汽车造型效果图主要包括电脑效果图和手绘效果图，如图 8-10 所示。

其中手绘效果图的种类很多，详细的如图 8-11 所示。

图 8-10 汽车造型效果图的分类

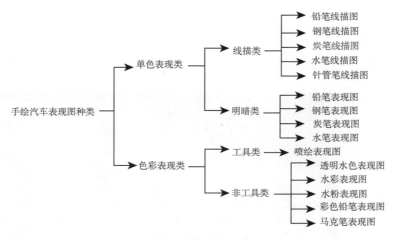

图8-11　手绘效果图的种类

8.5.4　手绘效果图的工具

1. 纸

手绘效果图表达方式的不同，所用的纸张也会不同。钢笔表现图一般有速写纸、打印纸、绘图纸等；彩色铅笔表现图有素描纸、速写纸、制图纸、打印纸等；马克笔表现图有吸水纸、不吸水纸。

2. 笔

手绘效果图常用美工钢笔、金属针管笔、中性笔、彩色铅笔、马克笔等。如图8-12所示为马克笔。

美工钢笔：笔头弯曲，可画粗细不同的线条，书写流畅，适用于勾画快速草图或方案。

金属针管笔：笔尖较细，线条细而有力，有金属质感和力。

中性笔：书写流畅、价格适中，并可以更换笔芯，适用于勾画方案草图。

彩色铅笔：分油性和水性，色彩丰富，笔质细腻。

马克笔：笔头扁平，可画细线、粗线，色彩丰富，笔触明显，速干。

3. 辅助工具

有丁字尺、三角板、曲线板、"蛇"形尺、美工刀、胶带纸等，如图8-13所示为曲线板。

图8-12　马克笔

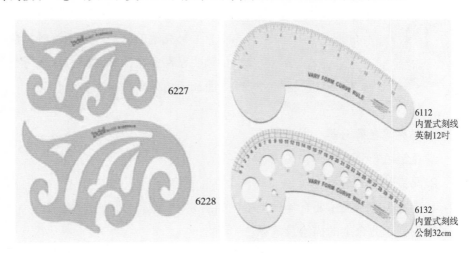

图8-13　曲线板

4.人机比例模板

用于检测效果图中的人机关系和比例，起对照作用，在汽车、摩托车等的设计中比较常用。人机比例模板如图 8-14 和图 8-15 所示。

图 8-14 人机比例模板（一）

图 8-15 人机比例模板（二）

效果图绘制是在创意思维草图的基础上进行的一项更加深入、更加细化的表达。通过对优选出来的几种方案进行细化构思和细节设计，在设计的基础上，通过手绘或计算机绘制，用色彩、光影的明暗效果以及材料的质感、形面的变化来精确表现汽车的实际感官效果（这只是二维对三维的表达）。效果图在绘制时，要用三视图、前后 45°的透视图来表现。人们通过对效果图的审视，能够看到其整体效果、色泽及材质优美表现、车体的比例关系、形态的鲜明特征、设计的主题风格、结构的合理布局和部件尺寸位置关系、形面转折变化的走势，以及各个细节、零部件和表面装饰效果的精确表达，给人以实在、逼真的效果。

图 8-16 各种颜色的马克笔

8.5.5 马克笔的汽车效果图绘图技法

马克笔是一种用途广泛的工具，它的优越性在于使用方便、干燥迅速，可提高作画速度，已经成为今天广大设计师进行室内装饰、服装设计、建筑设计、舞台美术设计等必备的工具之一。如图 8-16 所示为各种颜色的马克笔。

马克笔的优点：线条流畅、色泽鲜艳明快、使用方便、笔触明显，多次涂抹时颜色会进行叠加，因此要用笔果断，在弧面和圆角处要进行顺势变化。

1.马克笔色彩分类

马克笔色彩分类很多，如图 8-17 所示。

2.马克笔头的分类

马克笔头的分类主要有 4 种类型，如图 8-18 所示。

细头型：适合细的描绘及笔触。

平口型：笔头宽扁，适合勾边、大面积着色及写大型字体。

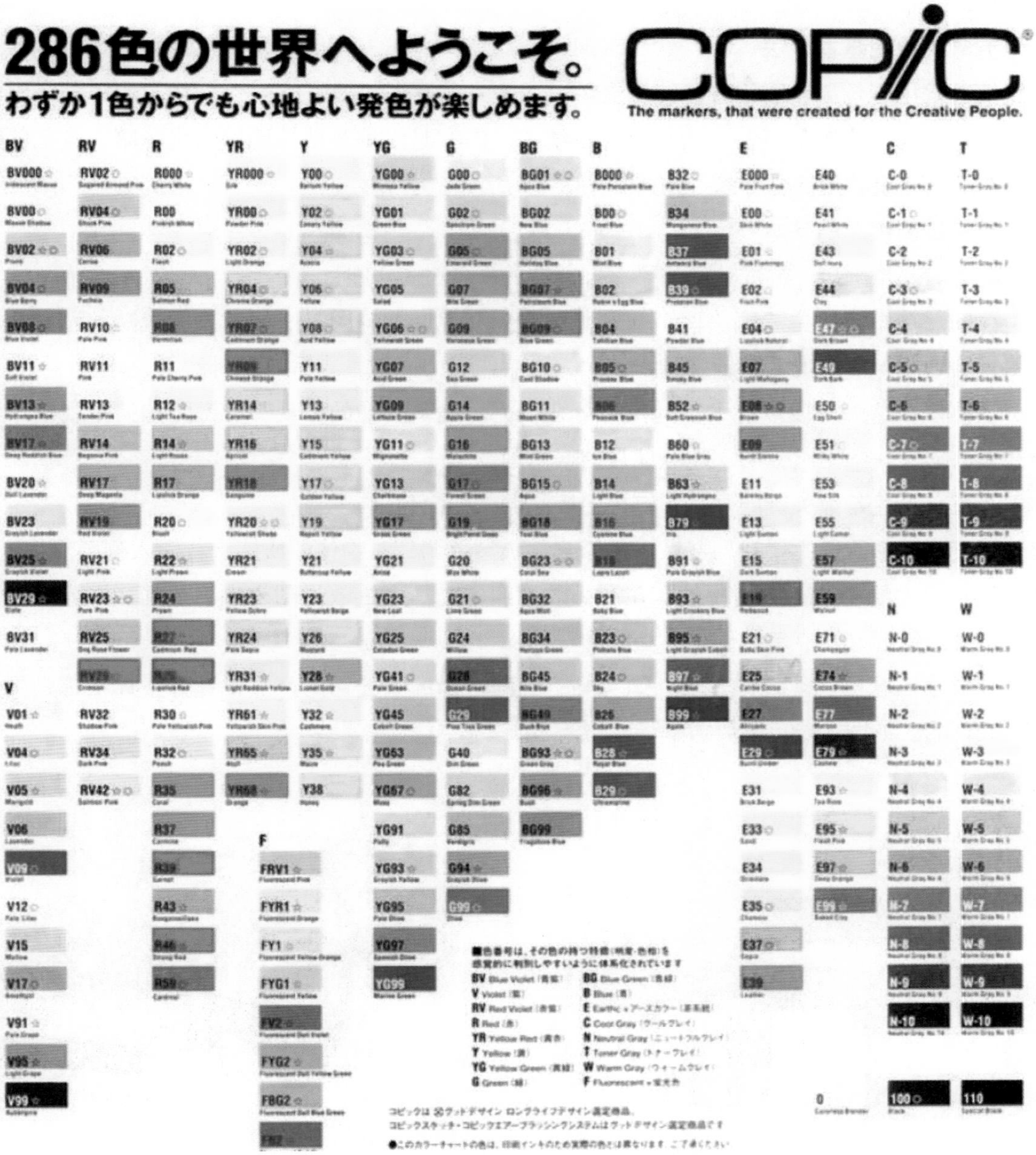

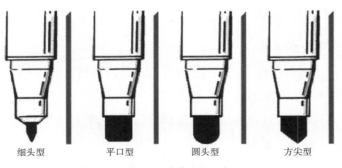

图 8-17　马克笔色彩分类

图 8-18　马克笔头的分类

圆头型：笔头两端呈圆形，书写或着色时不需要转换笔头方向，适合勾边。

方尖型：又名刀型，适合勾边、着色以及书写小字。

3. 马克笔的绘图基本方法

马克笔通常用于勾勒轮廓线条和铺排上色，铺排时，笔头与纸张成 45° 斜角；上色渲染时注意不要重复涂抹，容易产生脏的感觉，而且色块不统一，但有时候重复涂抹能够表现明暗；排笔的时候用力均匀，两笔之间重叠的部分尽量一致，如图 8-19 所示。

4. 马克笔绘制汽车的基本程序

（1）准备。要想画出一幅成功的渲染图，前期的准备必不可少。

（2）草图。草图阶段主要解决两个问题，即构图和色调。构图是一幅渲染图成功的基础，不重视画面构图，画到一半会发现毛病越来越多，大大影响作画的心情，最后效果自然不会好。

（3）正稿。在这一阶段没有太多的技巧可言，完全是基本功的体现。关键是如何把混淆不清的线条区分开来，形成一幅主次分明、趣味性强的钢笔画。

（4）上色。上色是最关键的一步，应按照产品的结构上色。

（5）调整。这个阶段主要对局部做一些修改，统一色调，对物体的质感进行深入刻画。

马克笔是专为绘制效果图研制的，在产品效果图中，马克笔效果图表现力最强，因此学习产品设计表现技法必须掌握好马克笔的使用方法。

在当今发达国家的工业设计领域，像宝马、奔驰这样的大公司的产品设计方案评估都是围绕马克笔效果图进行的。如图 8-20 所示为用马克笔绘制的汽车。

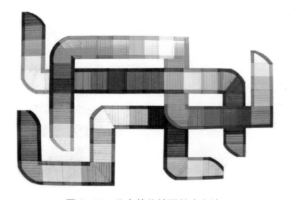

图 8-19　马克笔的绘图基本方法

图 8-20　用马克笔绘制的汽车

8.5.6　彩色铅笔绘制汽车技法

彩色铅笔绘制汽车应掌握如下几点。

（1）在绘制图纸时，可根据实际情况改变彩铅的力度，以便使它的色彩明度和纯度发生变化，带出一些渐变的效果，形成多层次的表现。

（2）由于彩色铅笔有可覆盖性，所以在控制色调时，可用单色（冷色调一般用蓝颜色，暖色调一般用黄颜色）先笼统地罩一遍，然后逐层上色后向细致刻画。

（3）选用纸张也会影响画面的风格，在较粗糙的纸张上用彩铅会有一种粗犷豪爽的感觉，而用细滑的纸会产生一种细腻柔和之美。彩铅图片如图 8-21 所示。

图 8-21 彩铅

图 8-22 色粉照片（一）

另外色粉绘制汽车效果图的方法等这里不再一一赘述。色粉的优点是色彩柔和、层次丰富，在效果图中通常用来表现较大面积的过渡色块，在表现金属、镜面等高反光材质或者柔和的半透明肌理时最为常用。图 8-22 和图 8-23 所示为色粉照片，图 8-24 所示为绘制的汽车效果图。

图 8-23 色粉照片（二）

图 8-24 色粉绘制的汽车效果图

8.5.7 综合效果图绘制技法

实际绘制效果图的过程中一般几种技法综合运用，基本绘图程序如图 8-25 所示。

效果图是设计师基本设计思想的具体体现，是用来分析、研讨、评价、提出最终设计意见的桥梁，也是用来向用户介绍产品设计效果、听取使用者反馈意见的重要通道和图纸，更是为决策者提供思考和修改意见的依据。

效果图阶段的构思与设计进一步表达了设计师较为完善的创意思路，但还不能说是最后的结论，因为毕竟是图纸上的表达，会存在或多或少的不足、瑕疵和考虑不周的地方，很多细节也无法准确体现，如空间结构间的连接、复杂的形面关系等。所以在效果图制作完成后，仍然需要用一个三维的模型作为实物依据来进一步推敲和验证。

效果图由具有工业造型技术能力的开发人员完成，采用水彩、马克笔、彩铅或者素描等方式绘制。也可以用计算机来完成效果图。效果图分为车身造型效果图和车身内饰效果图两种。车身造型效果图要表现出车型前面、侧面和后面三者的关系，同时也要表现出车门拉手、倒后镜、刮水臂、车牌位置等结构细节。车身内饰的效果图主

图 8-25 综合效果图绘制技法程序

要表现出仪表板、中控台、门护板、座椅及相互之间的空间位置。由于车厢内部难以用一幅图表达清楚，所以有些效果图是针对某些位置而单独绘制的。效果图是"纸上谈兵"的操作，可以有多种方案供选择，换句话讲要有许多幅效果图供选择，边修改边完善。

绘制内外造型各几十种方案，彩色效果图绘制（轴测图）。用二维软件 Photoshop 等做造型时，要注意的问题是，如果轴测不对的话，效果图看起来很漂亮，但做出来的模型却是两个，面目全非。模型做出来拍的照片，不论从哪个角度看，和画的效果图都不一致。造成画的效果图不能和模型制作同步，这种效果图就没有意义。所以效果图原意就是说，要作轴测图，但是也可以作其他几个方向的视图，比如说各个方向的角度，你可以看它的效果，但必须考虑轴测的尺寸比例关系，不能失真，因为不同角度看东西的比例是不一样的。越来越多地采用三维造型软件如 ALIAS、RHINO、3DS MAX、UG/Auto Studio 等软件。

造型效果就是做彩色效果图，效果图的轴方向 X 轴、Y 轴、Z 轴必须按画法几何的轴测方向，先把坐标轴选了，选了以后再把总体设计确定的总长总宽总高等用方框定下来，就是长方体，方框定了以后就是定了基本控制尺寸：宽度、总长、总高，然后在这基础上去造型，基本按投影方向做了，这有什么好处呢？当作模型时，就可以近似地量尺寸了，比如在轴二测图，两个方向上是 1 ：1 的，一个方向是 1 ：2 的。用尺量图上的尺寸，再乘以 2，在模型上做了，所以整个尺寸比例将都是对的，在按轴测方向做效果图，这是我们在做效果图设计时的一个规范。要确定轴测方向主要是为了指导模型的制作，做出的结果会一致。比如说做效果图，可以用计算机做，也可以手绘，然后做 1 ：5 模型，就是按这个特征在 1 ：5 模型上修，模型工就是按这张图来修，这个过程目前还免不了或不能全免。

草图结束后通常会有一个内部的评审，选出几个具有代表性的造型方向进行下一步的细化工作，也就是效果图。

效果图是用来指导油泥模型、数字模型和做方案展示的，所以需要有精准的效果。比例、透视、色彩、材质都需要有准确的表达。这个时候对于草图中天马行空的创意需要有一些收敛，市场审美、价位成本、政策法规、材料工艺等都需要被考虑周全。效果图一般分为外饰、内饰和细节效果图。效果图的表现技法也多种多样，较流行的画法是马克笔、色粉的结合使用。电脑软件的应用很大程度上提高了设计的工作效率，很多设计师愿意通过电脑来完成这个步骤。

8.6 胶带图和卡板的制作

所谓胶带图是指用不同宽度和不同颜色的胶带在标有坐标网络的白色图板上粘贴上模型轮廓的曲线和线条，将汽车整个轮廓、布置尺寸、发动机位置、车架布置及人体样板都显示出来。胶带可以随时粘贴或撕下，因此胶带图也可以随时修改，十分方便。设计人员根据胶带图进行修改和调整后，轿车的轮廓曲线已经基本确立。胶带图制作如图 8-26 ～图 8-29 所示。

当造型效果图设计确定后，或缩小比例车模的形状确定后，即可将造型的轮廓曲线放大至 1 ：1 或其他比例，用胶带图的形式表现出来。胶带有很好的伸缩性和不同的宽度，因此能够贴出整洁平顺富有张力的轮廓，非常适合观察和研究汽车的总体造型效果及车身布置情况。在确定了胶带图后造型师根据胶带图参数来制作卡板，卡板是制作模型的基准，因此胶带图的质量高低严重影响着卡板的质量，也影响着日后油泥模型的质量，如图 8-30 和图 8-31 所示为卡板制作。

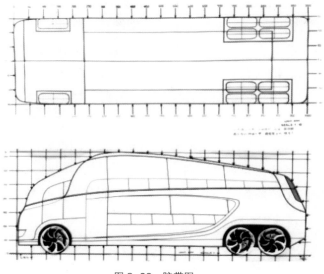

图 8-26 胶带图

图 8-27 胶带图制作（一）

图 8-28 胶带图制作（二）

图 8-29 胶带图制作（三）

图 8-30 卡板制作（一）

图 8-31 卡板制作（二）

汽车油泥模型对曲面和曲线质量的要求很高，通常情况下要求线条准确、光顺，效果表现良好，达到这样的要求往往要很长的时间。要贴出准确的胶带图是一件非常费时、费力的事情，要将 4 个视图准确地对齐在短时间内是非常困难的，国内在胶带图方面尤其在线条精确点做的不是很到位，实际情况是在做模型时只能借用胶带图大的趋势，很多细节部分只能等到油泥模型制作的过程中再做，这无疑增加了油泥制作过程的繁琐性，增加了设计师、工程师、模型师的工作量；胶带图是要被用于制作卡板的，线条的光顺与否直接关系到卡板质量的好坏，进而关系到今后油泥模型的质量；一个好的设计师应具备良好的表现能力，胶带图也讲究效果表现。胶带图粘贴的过程，工程技术人员介入到汽车外观造型，与设计师、模型师共同解决造型与工程之间遇到的问题，在互相合作交流中使得汽车造型达到合理与科学，并使汽车的外观形态日渐饱满。他们的密切合作至关重要，如果他们不具备紧密合作的条件，基本上是无法保证项目顺利进行的。

8.7　汽车油泥模型制作

效果图可以做得很逼真但是很多细节却无法准确体现，而且效果图通常都是比较理想化的，具有一定的主观性，所以在效果图制作完成后，仍然需要一个三维模型作为依据来推敲和展示造型。如图 8-32 所示为宝马 X1 概念车油泥模型制作。

油泥模型是用油泥材料、用仿真的效果来表达汽车实际结构和外观的一种方法。它比效果图来得更为真实、更加直观、更有说服力，有利于及时发现设计中存在的问题。通过油泥模型，汽车的细部结构和在效果图中尚未发现的问题可进一步地得到改进和处理，使设计方案得以最终完善，如图 8-33 所示为汽车模型常用油泥。

图 8-32　宝马 X1 概念车油泥模型制作

图 8-33　汽车模型常用油泥

8.7.1　汽车油泥模型的特点

油泥为什么会成为汽车模型材料的首选呢？主要原因是这种材料便于成形、修改和补充。汽车外形设计对表面质感的光滑要求极高，而油泥质感细腻光滑，符合近乎严酷的表面要求，油泥模型师在雕塑油泥模型的过程中可以很方便地对所有表面细部形状进行试验、探索、比较和修改。油泥是产品模型制作用的材料，使用时将油泥加热（在烤箱里加温至 60°　）至中心变软即可。常温下油泥有一定的硬度，切削性好，能用专用的油泥工具任意切削制成各种曲面模型。做好的模型能永久不变形地被保存。使用过的油泥用刮刀从模型上刮下后通过油泥回收机可再次使用，特别适合于等比例和缩小比例的汽车、摩托车、家电等产品的立体造型设计、模型制作，几乎不会因温度变化而引起膨胀、收缩。好的油泥有着优秀的操作性，其色彩一致，质地细腻，随温度变化伸缩性小，容易填敷，能提供相当好的最终展示。特别是刮削性能好，工作就进展得顺利。要很好地平衡硬度、黏性、刮削性能之间的关系。如图 8-34 所示为制作汽车油泥模型的常用工具。

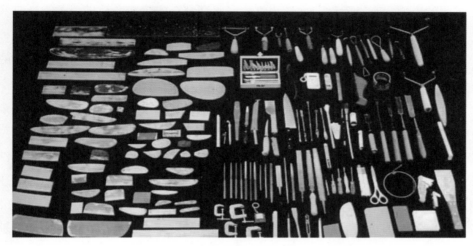

图 8-34　制作汽车油泥模型的常用工具

8.7.2　汽车油泥模型的分类和造型方法

汽车模型包括油泥模型和数字模型两大类，实体模型按照过程分为：小比例油泥模型、全尺寸油泥模型、树脂模型等。如图 8-35 所示为某竞赛油泥模型和最终效果图展板。

图 8-35　油泥模型和最终效果图展板

实际工作中通常会制作小比例油泥模型，轿车的小比例模型通常为 1：4 或者 1：5。小比例模型比效果图更具有真实感，在尺寸和比例方面也比效果图更为精准。小比例模型要求曲线流畅、曲面广顺。制作小比例模型需要从各个角度去审视、反复推敲每一条线和每一个面。一些有实力的设计公司会在草图效果图结束后借助三维建模软件构建一个简单的数学模型，通过数控铣床铣出一个油泥模型，再经过少量的精刮处理。

全尺寸是指 1：1 比例，全尺寸油泥模型就是指与真车尺寸一样，模型的轮廓曲线和尺寸都是按照严格的要求制作出来，设计人员可以对车身表面的细节部分进行比较和修改，设计的检验已进入"模拟作战"阶段。全尺寸油泥模型分为外部模型和内部模型，是车身造型设计中最关键的阶段，要求以极其认真细致的态度去工作，任何一项细部的造型都不能马虎，因为这个全尺寸油泥模型是今后正式产品的依据。

全尺寸油泥模型是高仿真产物，例如车轮一般会用上真家伙——真轮胎和真车圈，因为车轮对整个车型有十分重要的影响。车身附件、大灯小灯、刷水臂都会安置在各自的位置上，有些模型表面还喷涂油漆，与真车相似。因此，车厂对新产品的检测也就从全尺寸油泥模型正式开始。检测中最重点的一项就是车身外部模型进行风洞试验，试验的主要内容是模拟车速在 100 ~ 200km/h 的状态下测试阻力、升力、侧向力、俯仰力矩、侧翻力矩和偏航力矩等数据，设计人员对车身模型的空气动力状态进行研究和分析，以取得对整个车身空气动力性能进行最优化的设计。手工模型做得越来越少，取而代之的是 CAD/CAM 一体化数控加工，可加工塑料模型，然后在此基础上采用油泥进行模型修改。

接下来的过程中需要将油泥模型扫描后的点云数据输入计算机，通常的做法是根据油泥模型建立 A 级数学表面，就是通常所说的 A-class。因为会被用于生产，所以 A-class 对于曲面的造型、质量的要求更为苛刻。

现在流行的另一种做法是效果图结束后，根据效果图的造型特征直接在电脑中用辅助造型建模软件建立三维数字模型，配合虚拟现实技术用于方案评审展示。方案评审完毕后挑选出相应造型，通过数控铣床铣削出全尺寸油泥模型，然后对铣出来的模型进行精细处理，在造型确定后扫描全尺寸油泥模型并建立 A-class 表面。

8.7.3 汽车油泥模型制作的几个阶段

油泥模型通常情况下有三层：首先结构骨架制作，在刮油泥前首先要搭建油泥模型的骨架，骨架一般用木头、不同的型钢焊接而成，外面贴上木头胶合板等；其次骨架表面粘贴 20 ~ 30cm 厚的多块高密度泡沫材料，使用特殊混合化学液体粘贴起来；再次在高密度泡沫层外是 2 ~ 3cm 的油泥层，油泥要尽可能地与泡沫压实，如果挤压不实，在刮油泥的过程中很容易将大面积的油泥连带地扯下来。油泥模型制作阶段是整个汽车设计最重要、最核心的部分，设计师应该自己亲手参与到油泥模型的制作中，因为设计师对自己设计的车是最理解的，包括整车的气质、风格、形面的走向、线条的走势等。所以说，一个优秀的汽车设计师必定是一个优秀的模型师。油泥模型的制作要求造型师拥有极强的空间概念、敏锐的观察力和专业的动手能力，每一根线条、每一处细节、每一块形面都要求造型师有极强的专业知识、细致的工作作风和严谨求实的工作态度。经过油泥模型粗刮、细刮、局部细节的调整，便完成了一整套油泥模型的制作流程。

详细来说，油泥模型造型包括以下几个阶段。

（1）制作模型骨架结构，敷涂油泥。首先要用泡沫板推扎在金属和木制的底层结构上，制作出油泥模型的内部框架，然后在架子上糊上大约 500kg 左右的油泥，将架子整个包裹起来，加热软化油泥、敷涂油泥、用模板检查形体、防尘处理，接着就可以进行油泥模型的粗刮了。如图 8-36 所示为制作泥模型的内部框架，如图 8-37 所示为敷涂油泥。

图 8-36 制作泥模型的内部框架

图 8-37 敷涂油泥

（2）油泥模型的粗刮。油泥模型的粗刮主要是把汽车上大的形面表现出来，所要求的表面光顺程度不高。油泥的粗刮有两种方法：一种是使用传统的手工方法进行粗刮；另一种是根据设计效果图使用三维造型软件如 ALIAS 等在计算机里建出造型设计数字模型，再把 ALIAS 数字模型中的一些控制线、控制面取出来，转化成为铣削机能够辨认的数据格式，用大型五轴铣削机直接铣出粗刮的油泥模型。

模型粗刮是指根据模板把大体的车型找出来。这是一个反复的过程，必须多次测量图纸，用高度标取点，采样点越多，模型越精确。这一过程中最重要的一条定位线是由车灯开始，到车窗 A 柱，向车窗顶沿、后沿，至尾灯的这条线。由于它决定了整个车型的侧面大型，而且这样一条空间曲线又不能用平面的模板来限定，所以对它的多次采样显得尤其重要。这条定位线只需找到其中一条即可，另一半可以用分规进行复制。如图 8-38 所示为宝马 Z4 油泥模型粗刮。

图 8-38 宝马 Z4 油泥模型粗刮

（3）油泥模型的精刮。粗刮阶段完成以后，就开始进入油泥模型的精刮阶段，到目前为止油泥模型的精刮都是人工进行的。这一阶段的工作主要是由油泥模型师在设计师的指导和监督下来完成的。油泥模型精刮的主要任务是，在粗刮的基础上雕刻设计细节，并反复观察斟酌线条走势，不断修整完善整个造型，并进行表面光顺处理。如图 8-39 和图 8-40 所示为油泥模型的精刮。

（4）汽车侧面成型。侧面成型的首要任务是确定侧面车窗曲面，以此为基础完成整个侧面的大体形状。由于车窗曲面变化微妙，需要制作一个窗面垂直方向的模板，将其固定在垂直立尺上，沿着车体侧沿线模板进行刮扫。刮扫成型后的表面需要用刮片刮平。确定车窗完成以后，即可开始车身侧面制作。同样是制作一个垂直方向的模板沿着车体侧沿线的模板进行刮扫。将整个侧围曲面扫出后，用刮片加工细致，再制作保险杠等突出的线条。对某些表面面积较小和特殊部位，无法使用刮片，可选用精刮和特殊形状的油泥刮刀，刮制方向仍然呈十字形交叉。如图 8-41 所示为宝马五系概念车侧面成型。

图 8-39 油泥模型的精刮（一）

图 8-40 油泥模型的精刮（二）

（5）车头及车尾成型。车头和车尾突出的保险杠也是用模板刮扫的办法制作。但有一些不同，这两处突出的地方比较明显，所以这两块地方还需要油泥的填敷，敷好后再根据尺寸对其进行削刮，这里的刮削可以用上三角刮刀和双 R 刮刀来进行处理。这几处面积相当大，曲率变化却较小，因此难度在于使它们平整光滑。如图 8-42 所示为宝马五系概念车尾部成型。

图 8-41 宝马五系概念车侧面成型

图 8-42 宝马五系概念车尾部成型

（6）前脸、车顶面、前后窗及后盖成型。这几处面积相当大，曲率变化却较小，因此难度在于使它们平整光滑。这几处位置，可以用双面胶按尺寸贴在车身上做参照线，然后用三角刮刀的角或其他个人认为合适的工具沿参照线对几处面积做一个大致的线框，之后就对这几处面进行精细刮削，可以用三角刮刀来进行处理，油泥表面的凹陷部分、勾画细微部分可以用双头凹面刮削工具。这些部位尺寸要求精细，刮的时候也要细致，需要反反复复的核对和刮削。如图 8-43 所示为宝马 7 系前脸成型。

（7）汽车细节成型。细节制作包括很多方面，如轮罩、进风口、交接面导圆等。基本上是配合胶条用各式刮刀进行刮切，最后用薄刮片修整。对模型各个部件之间面的连接等细节完成不充分的地方进行调整，由于这些部位造型特殊，主要选用圆形刮刀、三角形刮刀和丝刀，也使用一些特制的模板。如图 8-44 和图 8-45 所示为宝马 X1 汽车细节成型。

图 8-43　宝马 7 系前脸成型

图 8-44　宝马 X1 汽车细节成型（一）

　　油泥模型精修是在模型基本符合总布置曲线图及效果图后进行的。在精修的过程中要依据个人的主观感受、审美观和视觉差带来的各种艺术效果进行，力求使整个车身表面曲率过渡平稳、表面光滑。前风窗、侧窗、乘客门、驾驶员门、行李箱和油箱等细部的雕刻要注意线条的粗细均匀、凹凸适度，以使油泥模型具有逼真的效果。精修要集中在适合于雕刻的时间内完成，以防止因油泥表面硬结而致使在精修时产生裂纹。如图 8-46 所示为宝马 X1 汽车油泥模型精修。

图 8-45　宝马 X1 汽车细节成型（二）

图 8-46　宝马 X1 汽车油泥模型精修

　　（8）汽车造型后期处理。汽车造型后期处理主要包括以下两个方面。

　　1）汽车贴膜：贴膜后即便最细小的瑕疵也会很明显地显露出来，所以在贴膜前再次用钢片来精修十分必要。要很小心，不要随便碰模型。在模型上喷上一些水，把专用的薄膜贴上，用橡胶刮片刮平。先贴上面，再贴下面，每个面一张膜。油泥表面虽然光滑，但是只有附上金属膜才能完美地表现出汽车的高光和反射等实际效果。所以贴膜成为最后必不可少的一道工序。如图 8-47 和图 8-48 所示为宝马 X6 汽车贴膜。

图 8-47　宝马 X6 汽车贴膜（一）

图 8-48　宝马 X6 汽车贴膜（二）

2）汽车贴胶条：在面与面的接缝处贴上胶带。银白色、镀铬等胶带贴在薄膜上能表现一些特殊效果，贴胶条的目的在于表现车身的结构缝隙，如车门、进风口、把手等，另一方面可以遮盖贴膜留下的缝隙，达到更好的视觉效果。

在整个油泥模型制作过程中油泥模型师的作用非常重要，好的模型师能够准确快速地表达出设计师想要的设计造型，而且往往能帮助设计师在模型阶段进行更好的三维创新。油泥的精细处理大约要花费一个多月的时间，并且期间设计主管或公司主管将会进行油泥模型评审，油泥模型制作完毕后要进行最后的评审，如果发现问题便进行修改，直至最终确定油泥模型方案。如图 8-49 和图 8-50 所示为手工制作的油泥模型。

图 8-49　手工制作的宝马 5 系油泥模型

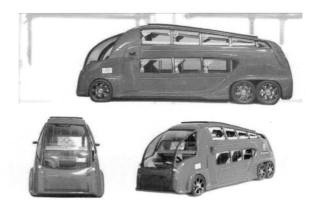

图 8-50　手工制作的概念旅游大客车油泥模型

未来的世界，也就是 10 年、20 年能看得到的，未来的趋势是我们的手工模型将慢慢被取代掉，把手工制作模型这一过程去掉，因为节约时间、节约成本。在造型效果图时，用大型软件，像 AutoStudio ALIAS 和 RHINO 软件做效果图以后，把模型中的一些控制线、控制面取出来，取出后再转到 UGII 里去，在 CAD 里做面的光顺，再用大型五轴铣直接铣出塑料 1：5 或 1：1 的模型给领导看，结果不满意，再在上面改，当然在这之间还有好多，如虚拟设计。如美国通用公司有一个大的虚拟设计室，就是为方案评审用的，做几十种造型效果图，由领导来给评审方案，1：1 环境，看看效果如何，转动转动，你觉得 OK 就用这种方案，然后再铣一个 1：1 的模型，再看实物，这个趋势是不可能逆转的，手工制作模型被取消掉的趋势不可逆转。

8.8　汽车模型的曲面光顺与测量

在完成了油泥模型制作后，需要在模型上用三维激光扫描设备对油泥模型进行扫描，获得模型点云，然后利用计算机软件对点云进行光顺处理，获得良好的表面质量，这个过程就被称为曲面光顺。光顺的结果将直接影响到未来车辆内外表面可见区域的反光效果。良好的车辆表面，我们称为 A 级曲面，其反光度高，并且斑马纹连续，变化规则清晰。

做好以后，用三坐标仪测量，测量以后，曲面光顺，曲面光顺以后，转到 UGII 里，PROE 或 CATIA 里做曲面，用 Surface 做反求软件，做一些面的光顺，把面转到 UG 里，再做 CAD 光顺，用 CAD 光顺以后，再去驱动数控机床来加工 1∶1 或 1∶3 模型，也可进行结构设计。测量，都是按坐标线测量的，都是测很密的线，一般是几毫米测一点，或十几毫米测一点。一般要求测的点很多。直接用 UG 是承受不了的，先用 Surface 软件做整个曲面光顺，整体光顺以后，把整体光顺的结果再转到 UG 里做 CAD 详细分析设计和结构设计，一般都是走一个 Surface 过程，即曲面光顺的过程。这一个过程我们称为逆向工程 REVERSE，然后进行分块，分块线做的是一个整面，把车门的分界线也光顺一下，分界线测出来都是弯曲不光顺的，要在 CAD 中把这条线光顺成一条很光顺的线，然后再用这根线在 CAD 中去切割这个曲面。如图 8-51 和图 8-52 所示为汽车模型的曲面光顺与测量。

图 8-51　汽车模型的曲面光顺与测量（一）

图 8-52　汽车模型的曲面光顺与测量（二）

8.9　汽车样车设计工程阶段

样车制作是造型开发的最后一个阶段，会将内外饰在同一个车体中表现出来。这个制作过程还涉及内外饰的色彩设计、材质、面料和图案设计等，能如实地体现车型制造出来之后的状态。

油泥模型冻结后，就全面进入到了产品设计阶段。产品设计工程是汽车自主创新开发中最为重要的一步，它贯穿整个汽车开发的全过程，包括整车总体布置、汽车工程分析、产品结构分析、具体总成与零部件的具体设计以及它们之间的相关协调工作。这一阶段耗时最长，假如撇开后期的设计改进

图 8-53　汽车样车设计工程阶段

时间不算，一般需要一年左右的时间。如图 8-53 所示为汽车样车设计工程阶段。

在产品设计阶段，有必要让供给商提前参与，使产品的设计做得更经济、公道。要充分利用现代产品设计的手段，加快产品设计进程，缩短产品开发周期。利用三维软件对产品零部件进行装配，做各种断面与干涉检查，使产品结构尺寸正确无误；利用有限元分析软件对产品结构进行有限元模拟分析，产品性能模拟分析要达到合格水平。样车设计工程阶段主要包括以下几个方面。

（1）整车总布置设计。

在前面总布置草图的基础上细化总布置设计，精确地描述各部件的尺寸和位置，为各总成和部件分配正确的布置空间，确定各个部件的具体结构形式、特征参数、质量要求等条件。主要的工作包括：发动机舱具体布置图、底盘具体布置图、内饰布置图、外饰布置图、电器布置图（如图 8-54 所示为整车总布置设计）。

（2）白车身设计。

汽车车身工程是目前世界汽车产业中研究最活跃、发展最迅速的一个领域。汽车白车身是汽车其他零部件的载体，是以"钢结构"为主的支撑部件，它是一个复杂的体系，其零部件数目众多、结构复杂，制造本钱约占整车的 40% ～ 60%，通常有 300 ～ 500 多个外形复杂的薄板冲压零件，在 55 ～ 75 个工位上大批量、快节奏地焊接而成，如图 8-55 所示为白车身设计。

图 8-54　整车总布置设计

图 8-55　白车身设计

轿车车身结构设计是以车身造型设计为基础进行车身强度设计和功能设计，以期最终找到公道的车身结构形式的设计过程的统称，其设计质量的优劣关系到车身内外造型能否顺利实现和车身各种功能是否能正常发挥。所以，它是完成整个车身开发设计的关键环节。

结构设计必须兼顾造型设计的要求，同时应充分考虑诸如结构强度、防尘隔噪性能、制造工艺等多种设计要求。优良的结构设计可以充分保证汽车整车质量的减小，进而达到改善整车性能、降低制造成本的目的。

完成车身结构设计首先需要明确车身整体的承载形式，并对其做出载荷分析，以便能使载荷在整个车身上分配公道。在此基础上，进一步做出局部载荷分析，确定各梁的结构形式和连接方式。因为通常轿车存在使用目的和级别上的不同，所以经常会产生具体结构上的差异，最终导致它们在功能和价格上的差别。总之，车身结构设计是一个涉及多方面因素的综合工程设计题目，常成为车身设计开发中的难点。

（3）内外饰工程设计。

1）内饰件设计。轿车的内饰件设计包括：轿车车厢的隔板、门内装饰板、仪表板总成、扶手、地毯等零部件和材料。相对于车上其他部件而言，固然它们对车辆的运行性能没有什么影响，但其面目一览无遗，代表了整部车子的形象，孰优孰劣决定着轿车的声誉、档次以及人们的选择意向。另外，对于轿车来讲，固然内饰件只是一些辅助性的零配件，但它们要承担起减振、隔热、吸音和遮音等功能，对轿车的舒适性起到十分重要的作用。如图8-56所示为汽车内饰件设计。

2）外饰件设计。汽车外饰件设计包括：前后保险杠、散热器罩、前后外挡泥板、扰流板、玻璃、车门防撞装饰条、行李架、天窗、后视镜、车门机构及附件以及密封条。如图8-57所示为汽车外饰件设计。

图8-56 汽车内饰件设计

图8-57 汽车外饰件设计

（4）工程分析阶段。

在国外，很多大汽车设计公司建立高性能的计算机辅助工程分析系统，其专业CAE队伍与产品开发同步地广泛开展CAE应用，在指导设计、提高质量、降低开发成本和缩短开发周期上发挥着日益明显的作用。CAE应用于车身开发上成熟的方面主要有：刚度、强度（应用于整车、大小总成与零部件分析，以实现轻量化设计）、NVH分析（各种振动、噪声，包括摩擦噪声、风噪声等）、机构运动分析等；而车辆碰撞模拟分析、金属板件冲压成型模拟分析、疲劳分析和空气动力学分析的精度有进一步提高，并已投入实际使用，完全可以用于定性分析和改进设计，大大减少了这些用度高、周期长的试验次数；虚拟试车场整车分析正在着手研究。此外，还有焊装模拟分析、喷涂模拟分析等。在我国，CAE技术在汽车设计上的应用也很广泛，提高了设计的效果和效率。

8.10 汽车样车试制和试验阶段

样车是一辆具有试制性质，能够驾驶运行的汽车。

第一个设计样车是为了检验设计是否正确，这个样车与设计并行，样车试制仍是一个不断修改的过程，但这种修改是为今后正式投产铺路的。在样车试制阶段，很多在造型设计过程中的不足之处会更真实地反映出来。例如在绘图或在模型上能够制造的东西，可能在实际生产中会有工艺上的困难；也可能会耗费过大，成本下不来；也可能在装配上会产生干涉，安装困难等。造型设计人员仍然要跟踪工作，对样车的造型设计进行全面的检查，并根据设计要求进行修改。只有经过多次的反复修改，一个经得起实际考验的造型方案才能实现，并作为今后生产的依据。

8.10.1 样车试制阶段

样车试制是验证与完善产品设计的一个过程。样车的试制要严格按照设计数据进行，要能够切实反映产品的本来面貌，以便发现真实存在的问题。尽管现在拥有先进的设计手段，包括工程计算、工程仿真与模拟等，但样车的试制和相关试验是一定要进行的，由于产品的诸多细节问题在设计阶段是无法提供全面的数据，并加进工程计算体系的。目前的车身试制手段主要有中熔点、铸铁简易模、工序件等。

8.10.2 样车试验阶段

试验要严格按照国家相应的标准进行，真实地出具相应的试验报告，为产品的确认与修改提供依据，为今后产品的正式投产铺平道路。在样车试制阶段，设计职员要经常跟踪产品的试制工作，清楚地了解现场的进展情况并及时处理可能出现的问题，这对产品的设计修改十分有利。产品的测试报告反映产品的现实状况，是今后该新车型上目录的重要依据，要符合国家法规与各项强制性检查和试验标准（如图 8-58 所示为样车实车道路试验，如图 8-59 所示为样车实车碰撞试验，如图 8-60 所示为模拟实车碰撞实验）。

图 8-58　样车实车道路试验　　　　　　　　　　图 8-59　样车实车碰撞试验

不难看出，汽车造型设计的过程是一个不断探讨不断修改不断完善的过程，最后拿到生产线的图纸很可能与最初的构思有很多不一样的地方，甚至大相径庭，这是一种很正常的现象。

8.11 汽车生产预备阶段

这一阶段包括产品工装的设计与制造、产品检查与调试设备的准备、工装夹具的验证、生产线的调试等。生产预备的全面完成将一直持续到试生产乃至批量生产阶段。在进行样车试制的同时，要着手进行相关的生产预备工作。车身开发，从某种意义上讲不容许产品设计有重大的修改，所以从产品设计的开始，每一步都必须考虑成熟。在产品

图 8-60 模拟实车碰撞试验

设计部分不断地向生产预备部分提供设计文件的同时，生产预备方面也可根据自身的专业设计要求与产品设计职员及时沟通，这将对产品设计和生产预备起到共同的促进作用。

8.12 汽车批量生产阶段

这一阶段主要联合供给商进行质量控制，将新车的整车质量打造得尽善尽美，为新车的上市做好预备。目前，中国的自主品牌在追赶国外先进水平，开发的程序与手段大同小异，如何在这条道路上加快我们追赶的速度，细化开发流程与同步开发手段无疑是我们的有效方法。

以上介绍的内容是传统的汽车造型设计程序的主要工作，前期造型工作告一段落，但并不说明造型的工作就此完全结束，因为在工程设计的时候会出现很多前期造型无法预料的问题，需要造型设计师配合做相应的造型调整，甚至在车型上市后用户的反馈也可能会带来造型上的改进，直到这款车型停产，针对它的造型工作才最终结束。只有经过不断的改进与完善，使得造型与实际情况日趋协调，才能设计出优秀的汽车。

由于技术的发展，各种新的造型方式也在不断被尝试，尤其是电脑在汽车设计过程的介入给了我们更便捷的工作方式和更高的工作效率，甚至有些设计手工模型都不作了，直接用计算机三维造型后，数控加工塑料内外模型，然后在此模型上采用油泥进行局部修改。有些设计只完成 1：5 油泥模型，测量光顺后数控加工 1：1 塑料主模型。地板和发动机舱模型也可以用三维总体装配来免掉。但有时传统的方法也不同程度的应用，甚至与先进方法并行使用，在一段时间里，传统的造型设计方法及先进与传统混合的方法也将会在不同项目中有所应用。

过去，新型轿车从构思到试产一般要经历 4～5 年，现在运用了计算机，仅需要两年或更少的时间。其中，汽车的车身造型设计是整个设计工作最重要的内容。从 20 世纪 70 年代起，计算机辅助设计已经进入了汽车外形设计这一领域，今天更是普遍应用，并已成为目前国内外车厂进行汽车造型设计的常规手段。但 1990 年才开始使用三维设计软件，1995 年后才真正大量使用三维 CAD 设计软件。现在常见的过程始于模型制作阶段，通过三坐标测量机测量得到模型上离散的点集，将点集数据输入计算机，运用 CAD 将其连成光顺的曲线，建立数字化模型，进行初步设计和可行性分析，即相当于胶带图效果；然后通过专门的 CAD 设计软件，用曲线建立起整个车身的表面数学模型，设计人员在电脑前可以进行任意的修改，再通过数控铣床制造 1：1 全尺寸模型，供设计人员进行修改和定型；然后

再通过测量机对全尺寸模型进行测量，将数据输入计算机建立汽车外形数学模型，并用图形显示终端显示出来，模型的三维曲面视图可以旋转，在不同的角度观察不同的地方，十分直观，而且可以数控加工。在这里，CAD 的运用不但使人从繁重的劳动中解脱出来，缩短了设计周期，而且能够保证设计精度，降低了设计开发的成本，提高了开发质量，缩短了开发周期。

最新的设计将是高速、高质量和低成本的开发设计方法，可能是在采用虚拟设计技术等先进技术的情况下应用所有的省钱有效的方法和工具。采用不同的方法可以获得不同的结果，但必须考虑条件和成本。采用声、光、电和 CAD 三维实体建模、虚拟现实环境等技术实现产品开发设计的方法，称为虚拟设计。其优点是：可以利用虚拟现实环境实现产品工作性能和外观的检查和评估，缩短开发周期，提高开发质量。如图 8-61 所示为汽车虚拟设计方法。

图 8-61　汽车虚拟设计

不管技术如何发展，对于汽车造型设计师的要求永远不会降低，观察力、想象力、美感、空间感、工程知识、社科知识、工作技能、责任心等永远都是汽车设计师的必修课。

思考题

请复述汽车的造型设计程序。

第9章
Chapter9

汽车仿生造型设计与其他设计技巧

9.1 汽车仿生造型设计

9.1.1 仿生设计的概念

仿生设计是人们通过对大自然不断的学习和积累，通过模拟或改进大自然及生物系统的结构、功能、形态、色彩等信息，并将这些信息运用到设计中去的方法。仿生设计一直伴随着汽车设计的发展。如今，仿生设计已经成为汽车设计的发展趋势，成为生产商取得竞争实力的有效途径。简言之就是以生物为参考对象从而得到启示来进行创造性的活动。仿生意识对汽车造型的发展一直具有强大的吸引力。仿生形态是人们在长期向大自然学习的过程中，经过积累经验，选择和改进其功能形态而创造的更优良、多样化的形态。仿生形态设计则是赋予设计形态以生命的象征。

9.1.2 汽车仿生造型设计与品牌文化的关系

从某种程度上来说，汽车就是一种人造动物，它不仅由马车进化而来，而且和动物一样，也有身体工作系统，比如它也有自己的"心脏"、"大脑"和"四肢"，也有自己的生命和意志。许多汽车品牌在长期的设计实践中形成了独有的车身造型共性特征，如宝马的"双肾"隔栅，对汽车稍有了解的人都可以从这个共性特征中识别出其品牌文化。也有一些汽车品牌的共性特征是通过标志元素的运用形成的，如雪铁龙的"双人字"等。这些汽车品牌在造型上独有的共性特征除了被有效地识别，同时还传达了企业的核心品牌文化。

9.1.3 汽车仿生造型设计应用实例

自然界的飞禽走兽在其生命的长期进化过程中形成了与运动方式相适应的矫健身驱。如果我们在设计中适当地模仿一些动物的形态将会使汽车获得较为形象的动感。该方法是将仿生造型应用到车辆造型设计中。自然界是仿生形态的来源，也是造型设计灵感的来源之一，通过研究并模拟自然界中生物的形态、功能、结构等，将它们的某些特征应用到相关的汽车造型设计中，能够获得生动的视觉效果。如图 9-1 所示为几种车型仿生脸型模拟。

图 9-1　几种车型仿生脸型模拟

　　双龙汽车的 08 个性款爱腾，那如大海中所向披靡的"鲨鱼嘴"前脸隔栅和锐利的鹰眼大灯都在彰显这款车的粗犷和原始野性。双龙的车一直颇受争议，喜欢的人会赞它是引领潮流、超越时代的前卫先锋，不欣赏的人会说它怪异得没一点美感，但就是因为它大胆前卫的设计也让它在车市中独树一帜，如图 9-2 和图 9-3 所示。

图 9-2　双龙汽车"鲨鱼嘴"前脸

图 9-3　动画片海底总动员中的鲨鱼脸

　　酷派的前轮拱设计来源于鲨鱼的鱼鳃造型（图 9-4），除了增加了几分美感之外，还可起到冷却发动机的作用。宝马的鲨鱼鳍天线设计、欧宝的鲨鱼鳃设计同样大名鼎鼎，即使盛气凌人的法拉利也对鲨鱼凶猛的造型情有独钟，车头巨大的进气口即是源自"鲨鱼鼻"的造型，不仅显得凶猛十足，而且对空气动力学的应用也达到极致（图9-5）。

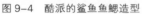

图9-4　酷派的鲨鱼鱼鳃造型　　　　　图9-5　法拉利车头巨大的进气口即源自"鲨鱼鼻"的造型

　　"道奇蝰蛇"是一款运动型的车，作为美国最凶猛的蛇种——"蝰蛇"，具备大自然一切凶险的特征。汽车的前脸酷似"蝰蛇"的面部（图9-6和图9-7）。"三角、王字"形面部轮廓给人以凶狠的感觉，锐利的前脸配上精神的前大灯，有种威武凶猛、善于决斗的感官刺激，如同英勇善战的士兵，随时准备着生死搏击，体现了人类对生命意义的永恒追求。

图9-6　运动型车"道奇蝰蛇"酷似"蝰蛇"面部（一）　　　图9-7　运动型车"道奇蝰蛇"酷似"蝰蛇"面部（二）

　　奥迪A6性感圆臀源于女性臀部（图9-8）。奥迪A6的性感圆臀设计的确堪称汽车设计史上的神来之笔，你很难想象，一款如此高贵的汽车，可以设计得如此性感。

　　汽车仿生学设计，不仅应用在汽车的外形上，也出现在汽车的品牌标志上，其中最经典的就是福特标志的"大白兔"造型（图9-9）。福特汽车的标志——FORD，正是一只被艺术化了的活泼可爱、调皮敏捷的大白兔，似乎正在温馨的大自然中自由飞奔。

图 9-8　奥迪 A6 性感圆臀源于女性臀部　　　　　图 9-9　福特标志的"大白兔"造型

　　产自热带的盒子鱼（Boxfish）给奔驰的科研人员带来灵感（图 9-10）。仿照鱼的结构，奔驰 Boxfish 达到了高强度和轻量化的完美结合。该车拥有完美的空气动力学和源于自然的轻盈概念。

图 9-10　奔驰汽车盒子鱼（Boxfish）仿生设计

　　跳跃前扑的"美洲豹"雕塑，矫健勇猛，形神兼备，具有时代感与视觉冲击力，它既代表了公司的名称，又表现出向前奔驰的力量与速度，象征该车如美洲豹一样驰骋于世界各地，捷豹汽车是有"生命"的，如图 9-11～图 9-13 所示。

图 9-11　捷豹汽车仿生设计（一）　　　　　图 9-12　捷豹汽车仿生设计（二）

　　1973 年，三菱设计师在 willys52 的基础上设计出了一辆新时代的小型越野车，这就是帕杰罗
（pajero，山猫）的第一款车型，而山猫作为该车系的
名称，它的脸部轮廓一直蕴含在各款帕杰罗换代车型
的格栅中，如图 9-14 和图 9-15 所示。

　　吉利熊猫的前脸给人的最直接的感觉就是非常可
爱，像个开口长笑的大熊猫，前大灯周围接缝也比较
均匀，整个车身圆润可爱，受到了很多年轻消费者的
欢迎，富有特点的尾灯与头灯的造型相互呼应，使得
整车感觉非常符合"熊猫"这个名称，如图 9-16 和
图 9-17 所示。

图 9-14　帕杰罗山猫前脸设计（一）

图 9-13　捷豹汽车仿生设计（三）

图 9-15　帕杰罗山猫前脸设计（二）

图 9-16　吉利汽车熊猫仿生设计（一）

图 9-17　吉利汽车熊猫仿生设计（二）

图9-18　吉利汽车熊猫尾灯仿生设计

尾部设计与前脸相呼应，最大的亮点来自尾灯设计，灵感取自猫爪设计，将示宽灯、刹车灯、倒车灯、转向灯形象地融入到"爪子"中，如图9-18所示。

熊猫座椅为织布面料，造型美观，侧向支撑力不错。座椅的造型和色彩搭配跟熊猫的颜色接近（图9-19）。熊猫的中控面板采用的是与外观相呼应的圆形设计，造型非常可爱，集成了CD的音响能够满足日常的需求（图9-20）。

本田雅阁的前脸给人的感觉就是凶悍，大灯的设计使其眼神中带着杀气，应该不愧此称号，如图9-21和图9-22所示。

图9-19　座椅色彩仿生

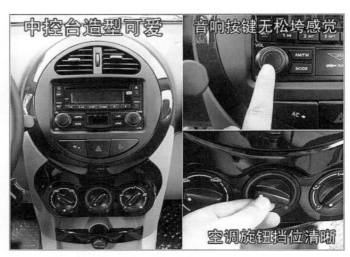

图9-20　吉利汽车内饰仪表台形状仿生

图9-21　本田雅阁前脸仿生（一）

图9-22　本田雅阁前脸仿生（二）

老捷达的前脸确实给人踏实、忠诚的感觉，如图9-23和图9-24所示。

新甲壳虫的前脸给人的感觉就像这车辆在眨着眼睛看你。新甲壳虫保留着老甲壳虫的外形和味道，从头到尾圆滑、古典又现代，着实勾起了不少人对老甲壳虫的怀念。而甲壳虫的车头给人的印象最深，两只圆形的大灯就像车子的两个大眼睛一样，配合着弧形的发动机盖，远看上去给人的感觉就像车子在对你微笑一样。就凭借这一点，新甲壳虫就迷倒了不少女性，如图9-25和图9-26所示。

图9-23 老捷达前脸仿生（一）

图9-24 老捷达前脸仿生（二）

图9-25 新甲壳虫仿生设计（一）

图9-26 新甲壳虫仿生设计（二）

大嘴版的荣威750是一个"绅士"和"野兽"的综合体。如果侧看车身，典雅又富有尊贵感的车身线条和镀铬装饰突显的就是一位有着英伦气质的绅士，不过正视荣威750那大张的怪兽大嘴，就如同面对一只正想要饿扑上来的雄狮猎豹一般，其前脸攻击性之强不言而喻，但就是这样一款同时拥有"优雅"线条和"猛兽"前脸的中高级轿车，让大家印象深刻，如图9-27所示。

无论是身材还是样貌，克莱斯勒300C都是那种典型的美国车风格，宽大、厚重，彰显的是那种异常浓烈的美式激情，尤其是那极富辨识性的个性"渔网"大嘴，如同深海中形体庞大的巨兽，让人触目惊心，如图9-28所示。

图9-27 大嘴的荣威

图9-28 大嘴的克莱斯勒

9.2 汽车造型其他设计技巧

现在常用的汽车造型其他设计技巧主要有以下几点。

（1）缩小前部发动机罩和加长汽车尾部。现在的卡车由原来的长头变为平头的，在美观上有很大的改善，但是发动机由前置变为下置，驾驶室的离地高度大大增加，使上下车的难度增加，同时一旦发生交通事故，对驾驶员和乘客的安全有一定的影响（如图 9-29 和图 9-30 所示为老解放卡车和新解放 J6 卡车）。在轿车设计中为提高产品的实用性加长了尾部行李箱。

图 9-29　老解放卡车　　　　　　　　　　　图 9-30　新解放 J6 卡车

（2）降低车身高度，增加汽车长度，整车感觉动感十足，流线型效果更加明显。现在的城市公交车辆往往采用降低车身高度，增加汽车长度来提高车辆的实用性，这是因为城市公交车是典型的短途运输车辆，几分钟就有一次上下车，降低车身高度无疑为经常上下车的乘客提供了方便，同时城市公交车一般速度不快，可以加长车厢长度多载乘客提高实用性，这就是铰接式城市公交车。与此相反，长途运输大巴中途很少有人上下车，所以车身高度较高、对内饰的舒适度要求较高，速度也很重要，所以一般不会有铰接式的。如图 9-31 所示为城市公交车与长途运输大巴。

图 9-31　城市公交车与长途运输大巴

（3）强调水平划分线，削弱垂直划分线。概括来说常见的主要分割手法有以下三种。

1）垂直分割：利用视觉误差改变比例形象从而产生高耸感。如高靠背座椅的垂直分割就使人感到舒适。

2）环形分割：利用封闭的环线或直线对垂直面进行同心分割使小面积产生扩张感或收缩感。如前置发动机客车的水箱罩，为改变形象，使之显得扁平一些，采用环形分割。汽车头尾部的环形分割，使造型更完善，效果很好。目前，平头货车、长头货车前部也多采用环形分割，使头部更充实好看。如图9-32和图9-33所示为长头货车和平头货车采用环形分割。

图9-32 长头货车采用环形分割

图9-33 平头货车采用环形分割

3）特殊分割：利用视觉错误和分割诱导，让人们按设计者的意向去观察。在轿车设计中，常用来改变短尾或比例不恰当的印象，从视觉上改善短尾的比例，转移注意力。

强调水平划分线，削弱垂直划分线是造型中获得动感的重要方法。一般与车辆的运动方向相一致，充分利用视错觉的效果。著名的火车动车造型设计就是一个非常有说服力的例子。本身动车车身的高度比普通火车的高度有所降低，在车身水平方向上用蓝线进行分割，看上去动感十足。如图9-34所示为动车用蓝线进行分割。

图9-34 动车用蓝线进行分割

具体实际应用车身分割有以下常用手法。

● 在车身侧面镶水平装饰条。小客车、大客车、市政车辆、火车等都用这种装饰手法。

● 在车身侧面刻出前后直通的浮雕线，这种手法感觉更丰富，有些市政车辆、洒水车车厢就这样设计。

● 用两种，最好不超过三种不同色彩水平划分汽车表面，主要在小客车、大客车上应用。

● 尽量减少车身表面的垂直划分，以减少高耸感以及出现线型和运动方向不协调而削弱动感。

● 大客车多用加大窗距、减细立柱，或将窗立柱涂以深色来达到减少垂直分割，增加动感、通透感的目的。

（4）改变汽车顶部造型。在高度不变的情况下，巧妙地改变顶盖形状可以使人对顶盖的视角减小，使顶盖看起来薄而轻巧，从视觉上降低汽车高度。采用中间凹下的方法，也可使顶盖显得薄而轻巧。

（5）汽车腰线的适当设计处理也能给人以运动之感。在汽车造型中，适当地对腰线进行处理，会给人以动态的美感。汽车就像美丽的模特一样有一个动人的腰线，因此腰线的处理对汽车侧面的外形设计非常重要。如图 9-35 和图 9-36 所示为汽车腰线的适当设计处理。

图 9-35　汽车腰线的适当设计处理（一）

图 9-36　汽车腰线的适当设计处理（二）

思考题

请举例说明对汽车仿生造型设计的理解。

第10章
Chapter 10
意大利汽车设计

欧洲是世界汽车造型发展的中心，欧洲的汽车造型设计领先美国和日本，而意大利则是汽车造型设计的圣地。这里荟萃了世界上大部分的专业设计室，是全世界造型设计工作者所膜拜的神圣殿堂，世界上许多名车的车身设计往往都出自意大利设计师的灵感之作。因为在欧洲十大畅销汽车中，就有六款是由意大利人设计的。

10.1　意大利著名汽车

法拉利、兰博基尼、玛莎拉蒂代表了意大利汽车文化中最让人热血沸腾的部分，如此豪放、如此性感、如此炫目并能足够吸引众人目光，能让车主充分满足虚荣心的，也唯有意大利设计师能凭借这个国家的独一无二的热情奔放的性格去描绘。除了造型夸张、线条犀利的跑车以外，集中了世界上大部分专业设计室的意大利可以提供你想要的任何一种类型的汽车，世界上许多名车的设计都出自意大利。这里如同米兰是全球时尚中心一样，也是汽车造型设计师和工业设计师朝圣的地方，近来被中国汽车厂商屡屡提及的名字乔治亚罗、宾尼法利纳就是他们的代表，他们也为中国的自主品牌和部分合资厂商产品提供设计咨询。意大利汽车有"二王一后"，二王分别是"法拉利"（图 10-1）和"兰博基尼"（图 10-2）；一后就是"玛莎拉蒂"（图 10-3）。

图 10-1　法拉利

图 10-2 兰博基尼

图 10-3 玛莎拉蒂

1. 法拉利

法拉利（Ferrari）是一家意大利汽车生产商，1929 年由佐恩·法拉利创办，主要制造一级方程式赛车、赛车及高性能跑车，法拉利生产的汽车大部分采用手工制造，年产量大约 4300 台。总部位于意大利摩德纳（Modena）附近的马拉内罗（Maranello）。早期的法拉利赞助赛车手及生产赛车，1947 年独立生产汽车，其后变成今日的规模。现在菲亚特公司拥有法拉利 50％ 的股权，但法拉利却能独立于菲亚特公司运营。

都灵作为世界四大汽车城之一，成就了目前全世界硕果仅存的具有百年以上汽车历史的菲亚特集团，而全球车迷都津津乐道的法拉利就是意大利汽车工业的结晶。如图 10-4 所示为法拉利车标。

具有传奇色彩的"法拉利红"最初是国际汽车联合会在 20 世纪初期分配给意大利赛车的颜色，作为这些赛车参加大奖赛的专用颜色。如果要在汽车世界中寻找一种颜色来引证一个品牌，那么非红色的法拉利莫属！如果说 F1 就是法拉利最好的广告形式，那么红色就是最能够代表运动精神的颜色！

法拉利跑车经 Pininfarina 的精湛设计，始终展现出优雅姿态、卓越性能、尖端科技和火热激情的非凡融和——这种激情在如今的 V8 和 V12 引擎跑车中一览无遗，正如同法拉利车队长久以来称霸 F1 世界时所燃烧的激情。

图 10-4 法拉利车标

法拉利 California 是一款极富创新性的跑车，它的设计理念汲取了法拉利历史上最伟大的车型之一——1957 年问世的 250 California 车型的精神与情感，这款经典车型是一款为赛道而设计的极为优雅的敞篷跑车。如图 10-5 所示为法拉利 California。

F430 Spider 是法拉利众多 V8 引擎运动跑车系列中的较新一款，将极佳性能与敞篷驾驶乐趣巧妙融合。如图 10-6 所示为法拉利 F430 Spider。

图 10-5　法拉利 California

图 10-6　法拉利 F430 Spider

2. 兰博基尼

在意大利乃至全世界，兰博基尼是诡异的，它神秘地诞生，又神秘地存在，出人意料地推出一款又一款让人咋舌的超级跑车。图 10-7 所示为兰博基尼车标。

图 10-7　兰博基尼车标

在跑车风靡的 70 年代，跑车款式层出不穷，如何创出自己的风格标新立异，是当时立足跑车坛的唯一标尺，马赛罗·肯迪找到了突破口，他设计的兰博基尼 Countach5000S 跑车（图 10-8）隐藏着的前大灯使它打破传统的车型，前挡风玻璃与车头形成一个平滑的斜面，车身侧面有三个进风口，这不仅是为冷却发动机而设计，还能使车身整体造型具有强烈的雕刻感，全身上下散发着一股强烈的阳刚之气，每一个线条和棱角都显示着不羁的野性。特别是向上方打开的鸥翼式车门，给人一种超级汽车的感觉，直至二三十年后的今天，还让人感受到设计师的超前意识。这辆车被认为是汽车历史上的一座里程碑。图 10-9 ～图 10-11 所示为兰博基尼的部分车型。

图 10-8　兰博基尼 Countach5000S 跑车

图 10-9　兰博基尼 V12 巨兽——Murciélago

图 10-10　兰博基尼 Gallardo

图 10-11　兰博基尼魔鬼 SV

3. 玛莎拉蒂

阿尔菲力的弟弟马里奥将该车微型标设计成树叶形底座上放置的三叉戟，设计灵感来源于公司所在地博洛尼亚市市徽海神尼普顿（Neptune），他手中握有显示其巨大威力的武器——三叉戟，寓示着玛莎拉蒂问世后将在世上引起巨大轰动。图 10-12 所示为玛莎拉蒂车标。

玛莎拉蒂 GranCabrio Sport 敞篷跑车运动版将玛莎拉蒂敞篷家族的性能及魅力升级至了一个全新水平。无论性能、动力还是外观，这款跑车均得到了显著提升。凭借更富动感和更富有进取气势的车形，以及更加强悍的动力，GranCabrioSport 无疑将成为玛莎拉蒂跑车系列中的又一款性能旗舰，如图 10-13 所示。

玛莎拉蒂 GranTurismoS（如图 10-14 所示）的外形依然由老搭档——宾尼法尼纳（Pininfarina）设计室操刀，低矮而宽大的车身与同胞法拉利有很大的不同，一眼就能认出它是玛莎拉蒂，一如既往 Pininfarina 的标识被张贴在车身上，随时

图 10-12　玛莎拉蒂车标

告诉未知的人它的设计者是谁。

图 10-13　GranCabrio Sport 敞篷跑车运动版

图 10-14　玛莎拉蒂 Gran Turismo S

10.2　意大利著名汽车设计公司

意大利的都灵是世界汽车设计的摇篮，实际上都灵本身就是一座汽车学校。都灵车身设计中心是

一个由汽车设计室组成的设计产业集群，就像意大利汽车工业皇冠上的颗颗珍珠，个个璀璨。从历史上看，都灵早在汽车发明之前就因设计马车而闻名于世。菲亚特诞生之时就是把这一传统设计移植到汽车上来之日，由此产生了一批"举世无双"的被世界公认的汽车设计大师，成了意大利的骄傲。

造就一批批世界级汽车设计师的摇篮地，就是菲亚特总部所在地，意大利的都灵汽车工业园。都灵位于意大利西北部，在近一百年的工业发展史上，该地区许多行业的中小企业发展成为知名的大企业，形成意大利最发达的工业地区。今天的都灵汽车工业园区已是世界汽车工业领域中最重要的中心之一，汇集着大名鼎鼎的意大利设计 Italdesign、平尼法瑞那（Pininfarina）、博通（Bertone）等著名的汽车设计公司。

当今世界许多车厂的车型都是在这里设计的，每年约有 400 辆样车在此诞生。欧洲车厂传统上将新车型的设计交给这里的设计公司进行。意大利在这方面的成功，应该归功于他们独特的设计风格。与其他国家相比，意大利设计既没有较强的商业味，也没有极重的传统味，他们的设计是传统工艺、现代思维、个人才能、自然材料、现代工艺、新材料等的综合体。他们更倾向于把现代设计作为一种艺术和文化来操作。于是，"艺术的生产"（The Productionof Art）成为意大利设计师的新口号。

Italdesign、Pininfarina、Bertone…这些声誉卓著的意大利设计中心，专门负责提供概念车或者新车设计。他们所提供的作品有一个共同特征，那就是始终代表着汽车设计美学的黄金准则。

1. Italdesign 汽车设计公司

在世界汽车设计领域，有两个名字无人不知，那正是来自意大利的 Italdesign 和被评为"世纪设计大师"的乔治亚罗。据称，世界上现有 2500 多款他设计的汽车在行驶着，包括法拉利、阿尔法·罗米欧、蓝旗亚、熊猫（Panda）、乌诺（Uno）、鹏托（Punto）、派力奥等。对于这个值得骄傲的称号，乔治亚罗是当之无愧的。不论从他设计的为数众多、闻名遐迩的名车，还是从他所创立的目前全球效益最好也是规模最大的汽车设计室 Italdesign 来看，乔治亚罗和他的设计室已经成为汽车设计领域经典的象征。图 10-15 和图 10-16 所示为乔治亚罗和他设计的汽车。

图 10-15　乔治亚罗

图 10-16　乔治亚罗设计的 Quaranta

当然，拥有骄人成绩的乔治亚罗也不是一步登天，这位设计大师也是凭借自己的努力和超人的天赋，在不断的磨砺中取得令人瞩目的成绩的。当初的乔治亚罗加入了有着悠久历史的博通设计室，师从吕思奥·博通。在博通的这段时间，乔治亚罗创作了许多以实用性为主的汽车，大受欢迎，同时也确立了自己朴实、简练、细腻、流畅的实用风格。后来乔治亚罗离开了博通，来到设计风格更适合自己的 GHIA 设计室，但是在这儿他却没有多少优秀的作品问世。1968 年乔治亚罗自立门户，与著名的汽车工程师曼托瓦尼一起成立了 Italdesign，并为此倾注了他全部的心血。乔治亚罗不仅是一位优秀的造型设计师，他还具有企业管理的天赋，在他的领导下，设计室规模日渐壮大、生意红火。现在，能为这个设计室工作已成为每个汽车造型师的梦想。

近年，乔治亚罗已退居二线，把生意和设计工作交给了饱受其熏陶的儿子法比齐奥。法比齐奥虽然也有一些比较出色的作品，然而外界评价其能力和天赋都与父亲有很大差距。尽管如此，Italdesign 在老乔治光环的笼罩下，凭借着规模和硬件的优势，在法比齐奥的领导下发展得亦相当不错。德国大众汽车宣布收购意大利最大设计工作室 Italdesign Giugiaro 公司 90% 的股份。现年 71 岁的 Italdesign 董事长乔治亚罗和他 45 岁的儿子法比齐奥将保留 Italdesign 10% 的股份，并继续在 Italdesign 工作。

2. Pininfarina 汽车设计公司

Pininfarina 的强项是设计名贵的跑车。它的作品相对产量较少，因此公司的规模比不上 Italdesign，但以跑车为主的业务性质使他们每每推出新作品都能成为潮流的风向标，这一点使其在设计界确立了很高的地位。公司最大的优势是拥有非常出色的设计队伍，同样 Pininfarina 具有极强的设计开发能力，甚至能够替客户承担生产的任务。

从 1995 年，平尼法瑞那公司开始了同中国汽车企业的合作，哈飞汽车是中国第一家与之合作的公司。随着同中国企业合作取得的成功，平尼法瑞那公司正在不断扩大其同中国汽车业的合作。正在为哈飞、奇瑞、华晨、长丰等汽车企业设计新款汽车产品。华晨旗下的中华新骏捷、骏捷 Wagon 皆由平尼法瑞那操刀设计，将欧洲最新时尚潮流设计引入车身；江淮旗下的同悦、和悦两款车型，外观也是由平尼法瑞那设计，运用了较多的中国传统元素，并且逐步形成了江淮全新的家族特征。如图 10-17 所示为 Pininfarina 设计的骏捷 Wagon。

图 10-17　Pininfarina 设计的骏捷 Wagon

3. Bertone（博通）汽车设计公司

Bertone 由大名鼎鼎的汽车设计大师 Nucci Bertone 创立。Nucci Bertone 是汽车设计界最德高望重的人物，早在 1910 年便已经在车身工场当学徒，20 世纪 30 年代开始从事造型设计。与 Pininfarina 一样，设计室也一直涉足车身生产领域，具有很悠久的优良工艺传统。作品线条硬朗，勇于探索，具有强烈的科幻风格。如果说三大设计公司中 Italdesign 是实用派，Pininfarina 是艺术派，那么 Bertone 就属于风格派。Nucci Bertone 本人是出色的设计师，但他的设计室也有很多外聘的设计师。他尤其欣赏有天分的年轻人，并努力发掘和提拔他们，最出色的两个徒弟是乔治亚罗和马塞罗·甘迪尼，这也是他备受尊崇的一个重要原因。如图 10-18 所示为博通汽车设计公司设计的 Alfa-based B.A.T.11 概念车。

图 10-18　博通 Alfa-based B.A.T.11 概念车

Nucci Bertone 于 1997 年逝世，享年 99 岁。直到晚年他仍然具有非常旺盛的创造力，设计了多款汽车。作为一家拥有自身历史的意大利设计工作室，Bertone 和 Pininfarina 一样在过去的几年当中都经历着各自的困难时期，2009 年被菲亚特——阿尔法·罗密欧的母公司收购，现在负责为整个集团公司下的各个品牌设计概念车。

4. Zagato 汽车设计公司

成立于 1918 年的 Zagato 设计室也称米兰交通工具设计中心，位于意大利时装之都米兰北部郊区。它的主人 UgoZagato 虽然曾经是阿尔法·罗密欧的创始人，但成立 Zagato 却是为了设计战斗机，一战后才转向汽车。如图 10-19 所示为 Zagato 百周年纪念 Diatto Ottovu。

图 10-19　Zagato 百周年纪念 Diatto Ottovu

与佛罗伦萨相比，同样充满艺术气息的米兰更加前卫和时尚。Zagato 设计室坐落在米兰郊外，虽然历史久远，但作品风格却相当另类。

Zagato 规模相当宏大，总占地 33000m²，其中 23000m² 为建筑面积，共分为三个部分：造型设计与机械工程（Styling & Engineering）分部、比例模型制作（Models）分部和原型车生产

（Phototypes）分部。设计室可按照客户要求进行现代化的造型设计和模型、原型车制作的流程服务。

造型设计与机械工程（Styling & Engineering）分部：主体以车身内饰造型设计为主，肩负机械工程、结构和行驶机构设计任务（虽然客户一般只要求造型设计，但完整的服务却是其特色）。拥有庞大的设计队伍，全部设计人员都是欧洲高等设计学府毕业，在世界各大车厂、研究室有 3 ~ 5 年的设计工作经验。Zagato 同时还拥有大型的 CAD–CAE 工作站。

比例模型制作（Models）分部：拥有多名资深的专业模型师、多台大型的专业模型制作数控机床，以及风洞设施和 5 台专业模型制作机器 CNC，可以制作 1/43 ~ 1/1 的精确设计模型。

原型车生产（Phototypes）分部：设计部的作品经过验证后被制作成模型，如果客户需要进一步了解整车情况，或者是有意发展，就会在原型车生产分部生产原型车。原型车一般只制作一到两辆，使用铝或其他合成材料。Zagato 同时还有能力为客户少量生产一些限量版本。

除此以外，Zagato 在美国佛罗里达还设有设计中心，拥有 25 名来自美洲的设计工作人员。Zagato 除了汽车设计以外，业务范围还包括航空、船舶等交通工具设计，以及其他工业设计。

进入新世纪，Zagato 依然是国际上很有声誉的设计室，而且规模越来越大。由此可见，这种前卫另类的设计风格在现代汽车设计领域还是有一定生存空间的。除了汽车，Zagato 同时还设计其他交通工具，成为一个多元化的工业设计中心。Zagato 以自己独有的个性和工作方式继续为欧洲乃至世界的车厂提供设计和制作服务，而世界车坛也因为 Zagato 而变得更加多样化和个性化。

5. I.DE.A 汽车设计公司

意大利著名的设计院，都灵最大的设计院之一。I.DE.A 的意思是 Italian Designed Automobile。公司成立于 1978 年，创始人弗朗科·曼特伽扎是该公司的所有者兼总裁，目前还属于很年轻的公司。领导者在选拔人才时偏向工程师而不是设计师，因而从一开始，该公司的目标就在于车的体系结构和高级的工艺，主要从事轿车设计，也承接其他产品的设计。

I.DE.A 设计院成立于 1978 年，位于意大利西北部著名城市都灵郊外一个叫 Moncalieri 的地方，创始人是意大利西北部著名的企业家弗朗哥。成立之初只是一个家庭式的经营公司，该公司迅速发展壮大，并卓著于一系列新车型的开发活动：从新车型设计到新车型大规模的示范性生产、工程设计、建造和内部运行原理制造工程。

I.DE.A 设计院已与世界上主要的汽车制造商有 30 年的合作，总部设在都灵，在中国上海、法国巴黎、罗马尼亚的皮特什蒂设有分支机构，并在印度拥有自己的工程团队。它的设计活动，还包括与制造商合作、各种各样的产品设计：摩托车、家电、家具等。员工超过 400 名，年均营业额约 40 亿欧元，自 2000 年以来，I.DE.A 设计院是瑞士立达集团的下属跨国公司。曾为海马汽车设计了海马欢动。如图 10-20 所示为 I.DE.A 设计院的 Sofia 概念车。

6. GHIA 汽车设计公司

在 Italdesign 成立之前，GHIA 是意大利实用型汽车设计的代表，原因也很简单，它当时的首席设计师正是乔治亚罗。后 GHIA 被福特汽车公司收购。目前虽然仍是以独立设计公司的名义存在，但实质上是福特公司的一个特殊开发部门。近年的作品都是基于该公司量产车的特别改型车，往往在各车型的顶级款名称后面带有 GHIA 的字样。

图 10-20　I.DE.A 设计院的 Sofia 概念车

7. STOLA 汽车设计公司

相比上述几家公司，STOLA 的性质比较特殊。它的主要业务是制作原型车，是当今世界首屈一指的原型车制作专家，奔驰的许多原型车就是 STOLA 制作的。原型车的设计方案来自客户，公司只负责将方案实现为原型，以用于车展等场合。由于是单件制作且不用考虑生产的可行性，这些原型车从车身钣件、涂装到内饰都是精品。STOLA 的价值就在于其精湛无比的工艺。

思考题

请讲述意大利有哪些著名品牌的汽车和汽车设计公司，并谈谈对意大利汽车造型的认识。

参 考 文 献

［1］ 李卓森．现代汽车造型［M］．北京：人民交通出版社，2005.

［2］ 王惠军．汽车造型设计［M］．北京：国防工业出版社，2007.

［3］ 杜海滨．汽车造型［M］．沈阳：辽宁美术出版社，2008.

［4］ 杜子学．汽车造型［M］．北京：人民交通出版社，2005.

［5］ 彭岳华．现代汽车造型设计［M］．北京：机械工业出版社，2011.

［6］ 严扬，刘志国，高华云．汽车造型设计概论［M］．北京：清华大学出版社，2005.

［7］ 日本自动车技术会，中国汽车工程学会．汽车工程手册3造型与车身设计篇［M］．北京：北京理工大学出版社，2010.

［8］ 赵江洪，谭浩，谭征宇．汽车造型设计：理论、研究与应用［M］．北京：北京理工大学出版社，2010.

［9］ 曹渡．汽车内外饰设计与实战［M］．北京：机械工业出版社，2011.

［10］ 周淑渊．汽车内饰设计概论［M］．2版．北京：人民交通出版社，2012.

［11］ 李光耀．汽车内饰件设计与制造工艺［M］．北京：机械工业出版社，2009.

［12］ 杜子学．汽车人机工程学［M］．北京：机械工业出版社，2011.

［13］ 张志军．汽车内饰设计概论［M］．北京：人民交通出版社，2008.

［14］ 傅立敏．汽车空气动力学［M］．北京：机械工业出版社，2006.

［15］ 毛恩荣，张红，宋正河．车辆人机工程学［M］．2版．北京：北京理工大学出版社，2007.

［16］ 威廉·米歇尔，克里斯托弗·波罗尼柏德，劳伦斯·伯恩斯，田娟．"未来车"世纪［M］．北京：中国人民大学出版社，2010.

［17］ 兰巍．对中国家用车造型的研究与实践［D］．长春：吉林大学汽车工程学院，2006.

［18］ 孙大鹏．德国大众汽车造型演变研究［D］．无锡：江南大学设计与艺术学院，2008.

［19］ 吴海志．品牌文化与汽车造型设计的融合［D］．长春：吉林大学汽车工程学院，2005.

［20］ 郝玮．汽车设计中的仿生设计研究［J］．机械管理开发，2012，（1）.

［21］ 张希可，王秀峰．汽车仿生设计［J］．包装工程，2008，（12）.

［22］ 李文江．仿生设计在汽车造型设计中的应用［J］．重庆科技学院学报：社会科学版，2010，（10）.

［23］ 祝莹，曹建中，韦艳丽．汽车造型设计中的形态仿生研究［J］．合肥工业大学学报：自然科学版，2010，（10）.

［24］ 方海燕，周小儒，袁金龙．汽车前脸造型的仿生设计［J］．包装工程，2008，（2）.

［25］ 海军．仿生交通工具［J］．交通与社会，2001，（2）.

［26］ 百度文库网站，http://wenku.baidu.com/

［27］ 卡车之家网站，http://bbs.360che.com/

［28］ 汽车内饰网，http://neishi168.com/

［29］ 设计在线，http://www.dolcn.com

［30］ 汽车内饰设计网，http://www.auto898.com/

［31］ 视觉中国，http://shijue.me/home

［32］ 新浪汽车，http://auto.sina.com.cn/

［33］ 造车网，http://www.zaoche168.com

［34］ 耐车网，http://car.tianjinwe.com

［35］ 人人网，http://renren.com

［36］ 中华网汽车，http://auto.china.com